高职高专教育国家级精品规划教材
普通高等教育"十一五"国家级规划教材配套教材
全国水利职业教育优秀教材
中国水利教育协会策划组织

建筑材料技能训练

（第4版）

（修订版）

主　编　尹红莲　张梦宇
副主编　刘昌礼　李　培
主　审　崔长江

黄河水利出版社
·郑州·

内 容 提 要

本书是高职高专教育国家级精品规划教材，是普通高等教育“十一五”国家级规划教材配套教材，是按照教育部对高职高专教育的教学基本要求和相关专业课程标准，在中国水利教育协会的精心组织和指导下编写完成的。全书共分三个部分：第一部分为基础知识训练，为配合《建筑材料（第4版）》（崔长江、尹红莲、张梦宇主编，黄河水利出版社出版）课堂教学而编写，内容涵盖建筑材料的基本知识点，题型包括选择题、判断题、计算题、论述题、案例分析题等；第二部分为单项技能训练，主要为培养学生对常规建筑材料的检测技能而编写，包括水泥、粗骨料、细骨料、水工混凝土、钢筋、砌筑砂浆、砌墙砖、石油沥青及防水卷材等材料的检测；第三部分为综合职业能力训练，是以实际工程案例为主的生产性综合实训。

本书适用于高职高专水利水电类专业以及建筑工程技术、工程监理、市政工程、道桥等土建类专业建筑材料课程教学，亦可作为相关专业工程技术人员的参考书。

图书在版编目（CIP）数据

建筑材料技能训练/尹红莲，张梦宇主编. —4版.
郑州：黄河水利出版社，2016.7 （2019.6 修订版重印）
高职高专教育国家级精品规划教材
ISBN 978－7－5509－1505－3

Ⅰ.①建… Ⅱ.①尹… ②张… Ⅲ.①建筑材料－高等职业教育－习题集 Ⅳ.①TU5－44

中国版本图书馆CIP数据核字（2016）第175621号

组稿编辑：王路平 电话：0371－66022212 E-mail：hhslwlp@163.com

出 版 社：黄河水利出版社 网址：www.yrcp.com
地址：河南省郑州市顺河路黄委会综合楼14层 邮政编码：450003
发行单位：黄河水利出版社
发行部电话：0371－66026940、66020550、66028024、66022620（传真）
E-mail：hhslcbs@126.com
承印单位：河南承创印务有限公司
开本：787 mm×1 092 mm 1/16
印张：8.75
字数：200千字 印数：4 101—7 000
版次：2016年7月第4版 印次：2019年6月第2次印刷
2019年6月修订版

定价：20.00元

第4版前言

本书是贯彻落实《国家中长期教育改革和发展规划纲要(2010~2020年)》、《国务院关于加快发展现代职业教育的决定》(国发〔2014〕19号)、《现代职业教育体系建设规划(2014~2020年)》和《水利部 教育部关于进一步推进水利职业教育改革发展的意见》(水人事〔2013〕121号)等文件精神,在中国水利教育协会的精心组织和指导下,由中国水利教育协会职业技术教育分会高等职业教育教学研究会组织编写的高职高专教育国家级精品规划教材。该套教材以培养学生能力为主线,体现出实用性、实践性、创新性的教材特色,是一套理论联系实际、教学面向生产的精品规划教材。

《建筑材料(第3版)》教材自2009年7月出版以来,因其通俗易懂,全面系统,应用性知识突出,可操作性强等特点,受到全国高职高专院校水利、土木类等专业师生及广大土建类专业从业人员的喜爱。随着我国建筑材料新标准、新规范及新的实验规程不断修订和颁布实施,为进一步满足教学需要,应广大读者的要求,编者在第3版的基础上对原教材内容进行了全面修订、补充和完善。

为进一步培养学生对建筑材料相关知识和技能的学习,使教学内容符合水利行业标准、国家职业资格证书要求以及毕业生面向职业岗位的具体要求,充分体现教材内容与生产实际相融通,与岗位技术标准相对接;以技术应用能力为核心,以基本理论知识为支撑,以拓展知识为延伸,将理论知识学习与能力培养置于实际情境之中,突出工作过程中技术能力的培养和经验性知识的积累,增强学生的实际动手操作能力。在编写《建筑材料(第4版)》的基础上,编写了《建筑材料技能训练(第4版)》教材与之相配套。

本书体例采用"项目—任务"进行编写,共分为三部分内容:第一部分为基础知识训练,涵盖了建筑材料的基本知识点,题型包括选择题、判断题、计算题、案例分析题等;第二部分为单项技能训练,主要以培养学生对常规建筑材料的检测技能为目标,包括水泥、粗骨料、细骨料、水工混凝土、钢筋、砌筑砂浆、砌墙砖、石油沥青及防水卷材等材料的检测;第三部分为综合职业能力训练,是以实际工程案例为主的生产性综合实训。各院校在使用时,第三部分可结合当地生产实际进行调整。

本书编写人员及编写分工如下:长江工程职业技术学院李培编写第一部分项目一、项目二,第二部分项目一;山东水利职业学院刘昌礼编写第一部分项目三,山东水利职业学院尹红莲编写第二部分项目二、项目三、项目四,第三部分项目二、任务一至任务四;杨凌职业技术学院贾宝玲编写第一部分项目四、第二部分项目五、第三部分项目一;黄河水利职业技术学院张梦宇编写第一部分项目五、项目八,第二部分项目六;广西水利电力职业技术学院陆晓玮编写第一部分项目六、项目七,第二部分项目七、项目八。本书由尹红莲、张梦宇担任主编,全书由尹红莲负责统一规划和统稿;由刘昌礼、李培担任副主编;由黄河水利职业技术学院崔长江担任主审。

在本书的编写过程中,得到了山东水利职业学院郭青芳、山东省水利工程试验中心刘波工程师的大力协助,在此一并致谢!

由于本次编写时间仓促,对于书中存在的缺点和疏漏,恳请广大读者批评指正。

编　者

2019 年 5 月

目 录

第三部分 综合职业能力训练

第一部分　基础知识训练

项目一　建筑材料基础知识

一、单项选择题（在每小题的4个备选答案中，选出1个正确答案，并将其代码填在题干中的括号内）

1. 材料在水中吸收水分的性质称为（　　）。
A. 吸水性　B. 吸湿性　C. 耐水性　D. 渗透性
2. 材料的耐水性用（　　）来表示。
A. 渗透系数　B. 抗冻性　C. 软化系数　D. 含水率
3. 在100 g含水率为3%的湿砂中，其中水的质量为（　　）g。
A. 3.0　B. 2.5　C. 3.3　D. 2.9
4. 某材料吸水饱和后质量为110 g，比干燥时重了10 g，此材料的吸水率等于（　　）。
A. 10%　B. 11.1%　C. 9.1%　D. 9.9%
5. 含水率为10%的砂220 g，其干燥后的质量是（　　）g。
A. 209　B. 209.52　C. 210　D. 200
6. 以下四种材料中属于憎水性材料的是（　　）。
A. 花岗岩　B. 木材　C. 石油沥青　D. 混凝土
7. 材料的抗渗等级为P6，说明该材料所能承受的最大水压力为（　　）MPa。
A. 6　B. 0.6　C. 60　D. 66
8. 对于同一种材料，密度、表观密度与堆积密度之间的关系是（　　）。
A. 密度 > 堆积密度 > 表观密度　B. 密度 > 表观密度 > 堆积密度
C. 堆积密度 > 密度 > 表观密度　D. 表观密度 > 堆积密度 > 密度
9. 当材料的孔隙率增大时，材料的（　　）一定降低。
A. 密度和表观密度　B. 抗冻性和抗渗性
C. 表观密度和强度　D. 憎水性和亲水性
10. 脆性材料的特征是（　　）。
A. 破坏前无明显变形　B. 抗压强度与抗拉强度均较高
C. 抗冲击破坏时吸收能量大　D. 受力破坏时，外力所做的功大
11. 保温效果好的材料，其（　　）。
A. 热传导性要小，热容量要小　B. 热传导性要大，热容量要小
C. 热传导性要小，热容量要大　D. 热传导性要大，热容量要大

12. 一般而言,材料的导热系数是(　　)。

A. 金属材料 > 无机非金属材料 > 有机材料

B. 金属材料 > 有机材料 > 无机非金属材料

C. 金属材料 < 有机材料 < 无机非金属材料

D. 金属材料 < 无机非金属材料 < 有机材料

13. 密度是指材料在(　　)下单位体积的质量。

A. 自然状态　B. 绝对体积近似值　C. 绝对密实状态　D. 松散状态

14. 对于某一种材料来说,无论环境怎样变化,其(　　)都是一定值。

A. 体积密度　B. 密度　C. 导热系数　D. 平衡含水率

15. 材料憎水性是指润湿角(　　)。

A. $\theta < 90°$　B. $\theta > 90°$　C. $\theta = 90°$　D. $\theta = 0°$

16. 当某一建筑材料的孔隙率增大时,其吸水率(　　)。

A. 增大　B. 减小

C. 不变化　D. 不一定增大,也不一定减小

17. 材质相同的A、B两种材料,已知表观密度 A > B,则 A 材料的保温效果比 B 材料(　　)。

A. 好　B. 差　C. 差不多　D. 一样

二、多项选择题(在每小题的5个备选答案中,选出2个或2个以上正确答案,并将其代码填在题干中的括号内)

1. 材料的吸水率与(　　)有关。

A. 亲水性　B. 憎水性　C. 孔隙率　D. 孔隙形态特征

E. 水的密度

2. 多孔吸声材料的主要特征有(　　)。

A. 轻质　B. 细小的开口孔隙　C. 大量的闭口孔隙　D. 连通的孔隙

E. 不连通的封闭孔隙

3. 根据材料被破坏前塑性变形显著与否,将材料分为(　　)两大类。

A. 弹性材料　B. 塑性材料　C. 脆性材料　D. 合成材料

E. 天然材料

4. 同种类的几种材料进行比较时,表观密度大者,其(　　)。

A. 强度低　B. 强度高　C. 孔隙率大　D. 比较密实

E. 保温隔热效果好

5. 下列性质属于力学性质的是(　　)。

A. 强度　B. 硬度　C. 弹性　D. 脆性

E. 比强度

三、判断题(在正确的题干后括号内划"√",反之划"×")

1. 材料的抗冻性与材料的孔隙特征有关,而与材料的吸水饱和程度无关。(　　)

2. 软化系数越大,材料的耐水性越差。 ( )
3. 材料的渗透系数越大,其抗渗性越好。 ( )
4. 当材料的孔隙率增大时,其密度会变小。 ( )

四、论述题

1. 材料强度的概念及影响强度测定的因素。

2. 材料的孔隙率和空隙率的概念及其区别。

3. 材料的耐久性与其应用价值间的关系,能否认为材料的耐久性越高越好?

4. 影响材料抗渗性的因素有哪些? 如何改善材料的抗渗性?

5. 材料的孔隙率的大小和孔隙特征是如何影响密度、表观密度、抗渗性、抗冻性、导热性等性质的?

五、计算题

1. 某材料的表观密度为 1 820 kg/m^3，孔隙率为 30%，试求该材料的密度。

2. 某一块状材料在干燥密实状态下的质量为 100 g，自然状态下的体积为 40 cm^3，绝对密实状态下的体积为 33 cm^3，试求该材料的密度、表观密度和孔隙率。

3. 今购进含水率为 5% 的砂子 500 t，实为干砂多少吨？若需干砂 500 t，应购进含水率为 5% 的砂子多少吨？

4. 已知某卵石的表观密度为 2.6 g/cm^3，将其装入一个 2 m^3 的车厢内，车厢装平时共用 3 500 kg，求该卵石的空隙率。若用堆积密度为 1 500 kg/m^3 的砂子填充上述车厢内卵石的全部空隙，共需砂子多少千克？

项目二　无机胶凝材料

一、单项选择题（在每小题的4个备选答案中，选出1个正确答案，并将其代码填在题干中的括号内）

1. 水泥颗粒愈细，凝结硬化速度越（　　），早期强度越（　　）。
A. 快、低　B. 慢、高　C. 快、高　D. 慢、低
2. （　　）属于水硬性胶凝材料。
A. 石灰　B. 水泥　C. 石膏　D. 沥青
3. 建筑石灰熟化时进行陈伏的目的是（　　）。
A. 消除过火石灰的危害　B. 使 $Ca(OH)_2$ 结晶与碳化
C. 消除欠火石灰的危害　D. 减少熟化产生的热量并增加产量
4. 石膏制品抗火性好的主要原因是（　　）。
A. 内部孔隙率大　B. 含有大量结晶水
C. 吸水性强　D. 硬化快
5. 硅酸盐水泥的主要强度组成是（　　）。
A. 硅酸三钙、硅酸二钙　B. 硅酸三钙、铝酸三钙
C. 硅酸二钙、铝酸三钙　D. 铝酸三钙、铁铝酸四钙
6. 判定水泥净浆标准稠度的依据是试杆下沉至距底板（　　）mm。
A. 4 ±1　B. 5 ±1　C. 6 ±1　D. 7 ±1
7. 规范规定，普通硅酸盐水泥的终凝时间不得大于（　　）h。
A. 6.0　B. 6.5　C. 10　D. 12
8. 提高水泥熟料中（　　）的含量，可制得高强度等级的硅酸盐水泥。
A. C_2S　B. C_3S　C. C_3A　D. C_4AF
9. 水泥胶砂强度试验时测得28 d抗压破坏荷载分别为61 kN、63 kN、57 kN、58 kN、61 kN、51 kN，则该水泥28 d的胶砂强度为（　　）MPa。
A. 36.6　B. 36.5　C. 37.0　D. 37.5
10. 水利工程大体积混凝土施工应选用（　　）。
A. 硅酸盐水泥　B. 矿渣硅酸盐水泥　C. 铝酸盐水泥　D. 快硬硅酸盐水泥
11. 体积安定性是指水泥浆体在凝结硬化过程中（　　）的匀质性。
A. 体积变化　B. 颜色变化　C. 颗粒细度　D. 强度变化
12. 水泥浆在混凝土材料中，硬化前、硬化后是起（　　）作用。
A. 胶结　B. 润滑和胶结　C. 填充　D. 润滑和填充
13. 石灰是在（　　）中硬化的。
A. 干燥空气　B. 水蒸气　C. 水　D. 与空气隔绝的环境

14. 硅酸盐散装水泥的运输和储存应按国家标准规定进行,超过(　　)的水泥须重新试验。

A. 一个月　B. 三个月　C. 六个月　D. 一年

15. 水泥现已成为建筑工程中离不开的建筑材料,使用最多的水泥为(　　)。

A. 硅酸盐类水泥　B. 铝酸盐类水泥　C. 硫铝酸盐类水泥　D. 特种水泥

16. 不得与硅酸盐水泥一同使用的是(　　)。

A. 普通水泥　B. 火山灰水泥　C. 粉煤灰水泥　D. 高铝水泥

17. 国家标准规定,复合硅酸盐水泥的细度在 80 μm 方孔筛上的筛余量不得超过(　　)。

A. 8%　B. 10%　C. 12%　D. 15%

18. 水泥强度中带有"R"标记的是(　　)。

A. 早强水泥　B. 普通水泥　C. 矿渣水泥　D. 火山灰水泥

19. 水泥胶砂强度标准试件尺寸为(　　)。

A. 40 mm×40 mm×160 mm　B. 45 mm×40 mm

C. 45 mm×65 mm　D. 50 mm×50 mm

20. 水泥胶砂强度标准胶砂组成中的灰砂比为(　　)。

A. 1∶2.0　B. 1∶3.0　C. 1∶3.5　D. 1∶2.2

21. 受海水及含硫酸盐类溶液侵蚀的工程不宜使用(　　)。

A. 火山灰质硅酸盐水泥　B. 抗硫酸盐硅酸盐水泥

C. 硅酸盐膨胀水泥　D. 矿渣硅酸盐大坝水泥

22. 水泥强度等级是按国家标准强度检验方法测得的(　　)两个龄期的抗压强度确定的。

A. 7 d 和 28 d　B. 3 d 和 28 d　C. 3 d 和 7 d　D. 7 d 和 14 d

23. 水泥颗粒愈细,与水起反应的表面积就愈大,因而水化较快且完全,水泥的早期强度和后期强度都较高,我国规定水泥的细度用下列何种方法检验。(　　)

A. 超声分析法　B. 称重法　C. 高速旋回法　D. 筛析法

24. 为了保持石灰的质量,应使石灰储存在(　　)。

A. 水中　B. 潮湿的空气中　C. 干燥的环境中　D. 含有蒸汽的环境中

25. (　　)浆体在凝结硬化过程中,其体积会发生微小膨胀。

A. 石灰　B. 石膏　C. 菱苦土　D. 水玻璃

二、多项选择题(在每小题的5个备选答案中,选出2个或2个以上正确答案,并将其代码填在题干中的括号内)

1. 对石灰的技术要求主要有(　　)。

A. 产浆量　B. 强度　C. 有效 CaO、MgO 含量

D. 未消化残渣含量　E. CO_2 含量

2. 对石膏的技术要求主要有(　　)。

A. 细度　B. 强度　C. CaO 含量　D. 凝结时间

E. 黏度

3. 改变水泥各熟料中矿物的含量，可使水泥性质发生相应的变化，要使水泥具有较低的水化热，应降低(　　)含量。

A. C_3S　B. C_2S　C. C_3A　D. C_4AF

E. CaO

4. 水泥国家标准(GB 175—2007/XG 2—2015)对硅酸盐水泥的技术要求有(　　)。

A. 细度　B. 凝结时间　C. 体积安定性　D. 强度

E. CaO 含量

5. 矿渣水泥适用于(　　)的混凝土工程。

A. 抗渗性要求较高　B. 早期强度要求较高

C. 大体积　D. 耐热

E. 软水侵蚀

6. 硅酸盐水泥腐蚀的基本原因是(　　)。

A. 含过多的游离氧化钙　B. 水泥石中存在 $Ca(OH)_2$

C. 水泥石中存在水化铝酸钙　D. 水泥石本身不密实

E. 含过多的游离氧化镁

7. 生产硅酸盐水泥的主要原料有(　　)。

A. 白云石　B. 黏土　C. 铁矿粉　D. 矾土

E. 石灰石

8. 水利工程中常用的水泥为(　　)。

A. 大坝水泥　B. 抗硫酸盐硅酸盐水泥

C. 耐酸水泥　D. 防潮硅酸盐水泥

E. 普通矿渣水泥

9. 硅酸盐水泥的初凝时间不得早于(　　)，终凝时间不得迟于(　　)。

A. 30 min　B. 45 min　C. 390 min　D. 600 min

E. 660 min

10. 造成水泥体积安定性不良的原因是，熟料中含有过量的(　　)。

A. 氧化钙　B. 氧化镁　C. 氧化铝　D. 氧化硅

E. 氧化铁

11. 石灰浆体在空气中硬化是由于(　　)。

A. 熟化作用　B. 水化作用　C. 溶解作用　D. 碳化作用

E. 结晶作用

12. 下列材料中，属于水硬性胶凝材料的是(　　)。

A. 硅酸盐水泥　B. 水玻璃　C. 高铝水泥　D. 矿渣水泥

E. 石油沥青

三、判断题(在正确的题干后括号内划"√"，反之划"×")

1. 提高水泥石的密实度可以提高水泥石的防腐蚀能力。(　　)

2. 水泥抗折强度试件尺寸为 40 mm×40 mm×160 mm。(　　)

3. 水泥的凝结硬化分初凝和终凝。　( )

4. 水泥为水硬性胶凝材料,在运输及存放时不怕受潮。　( )

5. 石膏具有良好的抗火性,故可用于高温环境。　( )

6. 石灰膏在储液坑中存放两周以上的过程称为“淋灰”。　( )

7. 生产水泥的最后阶段还要加入石膏,主要是为调整水泥的凝结时间。( )

8. 体积安定性不合格的水泥属于废品,不得使用。　( )

9. 一般磨细的活性混合材料与水拌和后,不会产生水化及凝结硬化。( )

10. 体积安定性不好的水泥,可降低强度等级使用。　( )

四、论述题

1. 论述石灰浆体硬化过程,并分析石灰为什么是气硬性胶凝材料。

2. 论述硅酸盐水泥生产时掺入适量石膏的原因。如果石膏掺量太少或太多,将发生什么情况?

3. 现有甲、乙两厂生产的硅酸盐水泥熟料，其矿物组成如表所示。

生产厂家	熟料矿物组成(%)			
	硅酸三钙	硅酸二钙	铝酸三钙	铁铝酸四钙
甲厂	52	21	10	17
乙厂	45	30	7	18

若用上述两厂熟料分别制成硅酸盐水泥，试分析比较它们的强度增长情况和水化热等性质有何差异？简述理由。

4. 论述通用硅酸盐水泥熟料的凝结硬化过程以及影响凝结硬化的主要因素。

五、案例分析题

1. 某工地急需配置石灰砂浆。当时有消石灰粉、生石灰粉及生石灰三种材料可供选用。因生石灰价格相对较便宜，便选用，并马上加水配制石灰膏，再配制石灰砂浆。使用数天后，石灰砂浆出现众多凸出的膨胀性裂缝，请分析原因。

2. 某工人用建筑石膏粉加水,拌成一桶石膏浆,用以在光滑的天花板上直接粘贴石膏饰条,半小时完工。几天后最后粘贴的两条石膏饰条突然坠落。试分析其原因。

3. 某工地使用某厂生产的硅酸盐水泥,加水拌和后,水泥浆体在短时间内迅速凝结。后经剧烈搅拌,水泥浆体又恢复塑性,随后过3 h才凝结。请讨论形成这种现象的原因。

4. 重庆市某水利工程在冬季拦河大坝大体积混凝土浇注完毕后,施工单位根据外界气温变化情况立即做好了混凝土的保温保湿养护,但事后在混凝土表面仍出现了早期开裂现象,试分析原因。

5. 某大体积的混凝土工程，浇筑两周后拆模，发现挡墙有多道贯穿型的纵向裂缝。该工程使用某立窑水泥厂生产的42.5Ⅱ型硅酸盐水泥，其熟料矿物组成如下：C_3S 占61%，C_2S 占14%，C_3A 占14%，C_4AF 占11%。

试分析出现裂缝的原因。

6. 在下列混凝土工程中，试分别选用合适的水泥品种，并说明选用的理由。

(1) 低温季节施工的，中等强度的现浇楼板、梁、柱。

(2) 采用蒸汽养护的混凝土预制构件。

(3) 紧急抢修工程。

(4) 大体积混凝土工程。

(5) 有硫酸盐腐蚀的地下工程。

(6) 热工窑炉基础工程。

(7) 大跨度预应力混凝土工程。

(8) 有抗渗要求的混凝土工程。

项目三　水工混凝土

一、单项选择题(在每小题的4个备选答案中,选出1个正确答案,并将其代码填在题干中的括号内)

1. 级配良好的砂,它的(　　)。

A. 空隙率小,堆积密度较大　　B. 空隙率大,堆积密度较小

C. 空隙率和堆积密度均大　　D. 空隙率和堆积密度均小

2. 测定混凝土立方体抗压强度时,采用的标准试件尺寸为(　　)。

A. 100 mm×100 mm×100 mm　　B. 150 mm×150 mm×150 mm

C. 200 mm×200 mm×200 mm　　D. 70.7 mm×70.7 mm×70.7 mm

3. 在用较高强度等级的水泥配置较低强度等级的混凝土时,为满足工程的技术经济要求,应采取(　　)措施。

A. 掺混合材料　　B. 增大粗骨料粒径

C. 降低砂率　　D. 提高砂率

4. 为提高混凝土的抗碳化性,下列(　　)措施是错误的。

A. 采用火山灰水泥　　B. 采用硅酸盐水泥

C. 采用较小的水胶比　　D. 增加保护层厚度

5. 钢筋混凝土构件的混凝土,为提高其早期强度而掺入早强剂,下列(　　)材料不能用作早强剂。

A. 氯化钠　　B. 硫酸钠　　C. 三乙醇胺　　D. 复合早强剂

6. 维勃稠度法是用于测定(　　)的工作性。

A. 低塑性混凝土　　B. 塑性混凝土　　C. 干硬性混凝土　　D. 流动性混凝土

7. 某混凝土维持细骨料用量不变的条件下,砂的($F \cdot M$)愈大,说明(　　)。

A. 该混凝土中细骨料的颗粒级配愈好

B. 该混凝土中细骨料的颗粒级配愈差

C. 该混凝土中细骨料的总表面积愈小,所需水泥用量愈少

D. 该混凝土中细骨料的总表面积愈大,所需水泥用量愈多

8. 压碎指标是表示(　　)的强度指标。

A. 砂　　B. 石子　　C. 混凝土　　D. 水泥

9. 欲增加混凝土的流动性,应采取的正确措施是(　　)。

A. 增加用水量　　B. 提高砂率

C. 调整水胶比　　D. 保持水胶比不变,增加水和胶凝材料用量

10. 决定水工混凝土强度的最主要因素是(　　)。

A. 温度　　B. 时间

C. f_{ce}　　D. 胶凝材料强度和水胶比

11. 混凝土立方体抗压强度测试,采用 100 mm × 100 mm × 100 mm 的试件,其强度换算系数为(　　)。

A. 0.90　　B. 0.95　　C. 1.05　　D. 1.00

12. 大体积混凝土常用外加剂是(　　)。

A. 早强剂　　B. 缓凝剂　　C. 引气剂　　D. 防冻剂

13. 施工所需要的混凝土拌和物坍落度主要由(　　)来选取。

A. 水灰比和砂率　　B. 水灰比和捣实方式

C. 骨料的性质、最大粒径和级配　　D. 构件的截面尺寸、钢筋疏密、捣实方式

14. 试拌调整混凝土时,发现拌和物的保水性较差,应采取(　　)措施。

A. 增加砂率　　B. 减少砂率　　C. 增加水泥　　D. 增加用水量

15. 混凝土混合料发生分层、离析,说明其(　　)。

A. 流动性差　　B. 黏聚性差　　C. 保水性差　　D. A、B、C 三项之和

16. 混凝土标准养护的时间是(　　)d。

A. 21　　B. 28　　C. 14　　D. 90

17. 水泥浆在混凝土材料中,硬化前、硬化后是起(　　)作用。

A. 胶结　　B. 润滑和胶结　　C. 填充　　D. 润滑和填充

18. 选择混凝土骨料时,应使其(　　)。

A. 总表面积大,空隙率大　　B. 总表面积大,空隙率小

C. 总表面积小,空隙率大　　D. 总表面积小,空隙率小

19. 根据《高强混凝土结构技术规程》(CECS 104:99),高强度混凝土是指混凝土强度等级为(　　)及其以上的混凝土。

A. C30　　B. C40　　C. C50　　D. C60

20. 混凝土中细骨料最常用的是(　　)。

A. 山砂　　B. 海砂　　C. 河砂　　D. 人工砂

21. 普通混凝土用中砂的细度模数范围一般在(　　)。

A. 3.7 ~ 3.1　　B. 3.0 ~ 2.3　　C. 2.2 ~ 1.6　　D. 3.7 ~ 1.6

22. 混凝土配合比的试配调整中规定,在混凝土强度试验时至少采用三个不同的配合比,其中一个应为(　　)配合比。

A. 初步　　B. 实验室　　C. 施工　　D. 基准

23. 抗渗混凝土是指其抗渗等级等于或大于(　　)级的混凝土。

A. P4　　B. P6　　C. P8　　D. P10

24. 抗冻混凝土是指其抗冻等级等于或大于(　　)级的混凝土。

A. F25　　B. F50　　C. F100　　D. F150

25. 流动性混凝土是指坍落度在(　　)mm 的混凝土。

A. 10 ~ 40　　B. 50 ~ 90　　C. 100 ~ 150　　D. 大于 160

26. 粉煤灰混凝土暴露面的潮湿养护时间不应少于 21 d,在干燥炎热条件下,潮湿养护时间不应少于(　　)。

A. 14 d　　B. 28 d　　C. 36 d　　D. 56 d

27. 将粉煤灰运往工地,放在储灰罐中,经螺旋机和提升机将其送入搅拌机配料仓,经称量加入混凝土搅拌机,这种方法称为(　　)。

A. 干掺　B. 湿掺　C. 混合掺　D. 干挂

28. 由于粉煤灰与混凝土中的 $Ca(OH)_2$ 发生反应后,明显降低了混凝土的(　　),这对钢筋防锈不利,应引起充分注意。

A. 和易性　B. 酸性　C. 中性　D. 碱性

29. 以粉煤灰取代部分水泥或骨料,都能在保持混凝土原有和易性条件下减少(　　)。

A. 黄砂量　B. 碎石量　C. 用水量　D. 通过试验来决定

二、多项选择题(在每小题的5个备选答案中,选出2个或2个以上正确答案,并将其代码填在题干中的括号内)

1. 混凝土配合比设计中,砂石一般以(　　)为基准,而一些大型水利工程常以(　　)为基准。

A. 任意含水状态　B. 气干状态　C. 润湿状态　D. 饱和面干状态

E. 干燥状态

2. 混凝土的和易性包括的内容有(　　)。

A. 流动性　B. 黏聚性　C. 黏滞性　D. 黏结性

E. 保水性

3. 混凝土配合比设计的三个重要参数为(　　)。

A. 水胶比　B. 单位用水量　C. 砂率　D. 配制强度

E. 标准差

4. 配制混凝土时,水胶比($w/(c+p)$)过大,则(　　)。

A. 混凝土拌和物的保水性变差　B. 混凝土拌和物的黏聚性变差

C. 混凝土的耐久性降低　D. 混凝土的强度降低

E. 混凝土的强度提高

5. 活性混合材料有(　　)。

A. 石灰石　B. 石英砂　C. 粒化高炉矿渣　D. 火山灰

E. 粉煤灰

6. 按坍落度的大小,将混凝土拌和物分为下列(　　)级别。

A. 低塑性混凝土　B. 塑性混凝土

C. 流动性混凝土　D. 大流动性混凝土

E. 普通混凝土

7. 下列(　　)在水利工程施工中被称为特种混凝土。

A. 混凝土　B. 高强混凝土

C. 膨胀混凝土　D. 水泥砂浆

E. 钢纤维混凝土

8. 对粉煤灰的主要技术要求为(　　)。

A. 细度　B. 安定性　C. 含水量　D. 烧失量

E. 需水量与活性

9. 掺粉煤灰混凝土的(　　)等指标，应与不掺粉煤灰的混凝土相同，按有关规定取值，不宜因掺粉煤灰而提高这些取值。

A. 设计强度　B. 强度保证率

C. 标准差和离差系数　D. 坍落度

E. 养护时间

10. 在水工混凝土中掺粉煤灰已取得的明显效果，主要有(　　)。

A. 改善和易性　B. 降低水化热

C. 提高抗侵蚀性　D. 提高密实度

E. 提高初期强度

11. 混凝土的配制强度比设计强度等级有所提高，提高的幅度取决于(　　)。

A. 和易性要求　B. 强度要求

C. 耐久性要求　D. 强度保证率要求

E. 施工控制水平

12. 在混凝土中加入引气剂，主要是为了提高混凝土的(　　)。

A. 抗冻性　B. 抗碳化性　C. 耐水性　D. 抗渗性

E. 抗化学侵蚀性

13. 混凝土用砂，尽量选用(　　)及(　　)。

A. 含轻物质较多的砂　B. 细砂

C. 中粗砂　D. 级配良好的砂

E. 粗细程度比较均匀的砂

14. 混凝土选择水泥品种是根据(　　)。

A. 设计强度等级　B. 施工要求的和易性

C. 粗骨料的种类　D. 工程的特点

E. 工程所处的环境

15. 为保证混凝土的耐久性，在配合比设计时，要控制(　　)。

A. 砂率　B. 粗骨料用量

C. 最大水灰比　D. 细骨料用量

E. 最小水泥用量

16. 混凝土配合比设计时应满足的基本要求是(　　)。

A. 强度　B. 和易性　C. 保温隔热性　D. 耐久性

E. 经济性

17. 影响混凝土和易性的因素有(　　)。

A. 水泥强度等级　B. 水泥浆用量

C. 骨料的种类及性质　D. 砂率

E. 水灰比

18. 用数理统计方法综合评定混凝土的质量,所需参数有(　　)。

A. 强度保证率　B. 变异系数

C. 强度平均值　D. 标准差

E. 正态分布曲线

19. 下列混凝土的变形,哪些属于混凝土在荷载作用下的变形(　　)。

A. 化学收缩　B. 干湿变形　C. 弹塑性变形　D. 徐变

E. 温度变形

20. 下列混凝土外加剂,属于早强剂的是(　　)。

A. 木质素磺酸钙　B. 氯化钙　C. 硫酸钠　D. 松香钠

E. 三乙醇胺

三、判断题(在正确的题干后括号内划"√",反之划"×")

1. 砂子的细度模数越大,则该砂的级配越好。(　　)

2. 在混凝土拌和物中,保持($w/(c+p)$)不变增加水胶浆量,可增大拌和物的流动性。(　　)

3. 流动性大的混凝土比流动性小的混凝土的强度低。(　　)

4. 混凝土的抗渗性可用渗透系数或抗渗等级来表示。(　　)

5. 坍落度越大,混凝土的和易性也越好。(　　)

6. 用高强度等级水泥配制普通混凝土时,混凝土的强度能得到保证,但混凝土的和易性不好。(　　)

7. 混凝土强度试验,试件尺寸愈大,强度愈高。(　　)

8. 级配好的骨料空隙率小,其总表面积也小。(　　)

9. 因为卵石表面光滑,拌制的混凝土和易性好,因此在相同条件下卵石混凝土的强度较碎石混凝土高。(　　)

10. 配制中等强度等级以下的混凝土时,在条件允许的情况下应尽量采用最大粒径的粗骨料。(　　)

11. 间断级配能降低骨料的空隙率,节约水泥,故在建筑工程中应用较多。(　　)

12. 测定混凝土拌和物流动性时,坍落度法比维勃稠度法更准确。(　　)

13. 选择坍落度的原则应当是在满足施工要求的条件下,尽可能采用较小的坍落度。(　　)

14. 用高强度等级水泥配制低强度等级混凝土时,如果混凝土的强度刚好能得到保证,但混凝土的耐久性不易保证。(　　)

15. 混凝土的强度平均值和标准差,都是说明混凝土质量离散程度的。(　　)

16. 级配良好的卵石骨料,其空隙小,表面积大。(　　)

17. 普通混凝土的强度与水灰比成线性关系。(　　)

18. 在混凝土中掺入适量减水剂,不减少用水量,则可增加混凝土拌和物的和易性,显著提高混凝土的强度,并可节约水泥的用量。(　　)

19. 在常用水灰比范围内,水灰比越小,混凝土强度越高,质量越好。(　　)

20. 在其他原材料相同的情况下，混凝土中的水泥用量愈多，混凝土的密实度和强度愈高。 ( )

21. 混凝土拌和物中若掺入引气剂，则使混凝土密实度降低，使混凝土的抗冻性变差。 ( )

22. 混凝土制品采用蒸汽养护的目的是使其早期和后期强度都得到提高。 ( )

23. 当采用合理砂率时，能使混凝土获得所要求的流动性，良好的黏聚性与保水性，而水泥用量最大。 ( )

四、论述题

1. 论述混凝土的特点及混凝土各组成材料的作用。

2. 论述混凝土拌和物工作性的概念及其影响因素。

3. 论述提高混凝土耐久性的措施。

4. 论述混凝土配合比设计中三大参数的确定原则以及配合比设计的方法步骤。

5. 论述影响混凝土强度的主要因素及提高混凝土强度的措施。

五、计算题

1. 某干砂 500 g 的筛分结果如表所列，试计算该砂的细度模数并评定其级配。

筛孔尺寸（mm）	5.0	2.5	1.25	0.63	0.315	0.16
分计筛余（g）	5	100	150	145	80	20

2. 现场质量检测取样一组边长为 100 mm 的混凝土立方体试件，将它们在标准养护条件下养护至 28 d，测得混凝土试件的破坏荷载分别为 306 kN、286 kN、270 kN。试确定该组混凝土的标准立方体抗压强度、立方体抗压强度标准值，并确定其强度等级（假定抗压强度的标准差为 3.0 MPa）。

3. 某水工混凝土，其实验室配合比为 $m_c:m_s:m_g=1:2.10:4.60$，$m_w/m_c=0.50$。现场砂、石子的表面含水率分别为 2% 和 1%，1 m^3 混凝土的用水量 $m_w=160$ kg。试计算该混凝土的施工配合比。

4. 严寒地区某水利工程为钢筋混凝土,抗冻等级为 F200,所在地区河水无侵蚀性,环境水为二类区。混凝土设计强度等级为 C25,施工采用机械拌和和振捣,坍落度为 30 ~ 50 mm,施工单位无历史统计资料。所用原材料如下:

(1)水泥:普通水泥 42.5,密度为 3 000 kg/m^3,实测抗压强度为 45.0 MPa;

(2)砂:中砂,级配 2 区合格,细度模数为 2.7,表观密度为 2 600 kg/m^3;

(3)石子:碎石最大粒径为 40 mm,其中,小石: 中石 = 30%:70%,级配后的碎石表观密度为 2 650 kg/m^3;

(4)水:自来水,密度为 1 000 kg/m^3。

试用质量法确定该混凝土的初步配合比。

项目四　砌筑块材与砂浆

一、单项选择题(在每小题的4个备选答案中,选出1个正确答案,并将其代码填在题干中的括号内)

1. 砌墙砖按生产工艺可分为(　　)。
A. 红砖、青砖　　B. 普通砖、砌块
C. 烧结砖、免烧砖　　D. 实心砖、空心砖

2. 烧结普通砖的标准尺寸是(　　)。
A. 240 mm×115 mm×53 mm　　B. 250 mm×125 mm×55 mm
C. 240 mm×120 mm×55 mm　　D. 240 mm×120 mm×50 mm

3. 理论上,每立方米砖砌体大约需要砖(　　)块。
A. 520　　B. 512　　C. 496　　D. 478

4. 烧结空心砖和空心砌块的孔洞率不小于(　　)%。
A. 20　　B. 25　　C. 30　　D. 35

5. 砖内过量的可溶性盐受潮吸水而溶解,随水分蒸发迁移至砖表面,在过饱和状态下析出晶体,形成白色粉状附着物。这种现象称为(　　)。
A. 石灰爆裂　　B. 偏析　　C. 盐析　　D. 泛霜

6. 砌筑砂浆的流动性指标用(　　)表示。
A. 坍落度　　B. 维勃稠度　　C. 沉入度　　D. 保水率

7. 砌筑砂浆中掺石灰是为了(　　)。
A. 提高砂浆的强度　　B. 提高砂浆的黏结力
C. 提高砂浆的抗裂性　　D. 改善砂浆的和易性

8. 确定砌筑砂浆强度等级所用的标准试件尺寸为(　　)。
A. 150 mm×150 mm×150 mm　　B. 70.7 mm×70.7 mm×70.7 mm
C. 100 mm×100 mm×100 mm　　D. 40 mm×40 mm×160 mm

9. 1 m^3砂浆所用的干砂是(　　)。
A. 1 m^3　　B. 大于1 m^3　　C. 小于1 m^3　　D. 大于等于1 m^3

10. 经过试配与调整,选用符合试配强度要求且(　　)的配合比作为砂浆配合比。
A. 水泥用量最少　　B. 水泥用量最多　　C. 流动性最小　　D. 和易性最好

二、多项选择题(在每小题的5个备选答案中,选出2个或2个以上正确答案,并将其代码填在题干中的括号内)

1. 用于烧结砖砌体的砌筑砂浆强度主要取决于(　　)。
A. 水泥用量　　B. 砂子用量　　C. 混合材料用量　　D. 水灰比
E. 水泥强度

2. 为了改善砌筑砂浆的和易性和节约水泥,在工程中常掺入(　　　)。

A. 石灰膏　　B. 麻刀　　C. 纸筋　　D. 石膏

E. 黏土膏

3. 用于石砌体的砌筑砂浆强度主要取决于(　　　)。

A. 水泥强度等级　　B. 水泥用量　　C. 砂子用量　　D. 混合材料用量

E. 水灰比

4. 新拌砂浆应具备的技术性质是(　　　)。

A. 黏结力　　B. 流动性　　C. 保水性　　D. 变形性

E. 强度

5. 影响砂浆黏结强度的主要因素有(　　　)。

A. 砂浆的抗压强度　　B. 砌体材料的表面状态

C. 养护条件　　D. 砌体的清洁程度

E. 施工水平

三、判断题(在正确的题干后括号内划"√",反之划"×")

1. 保水性较好的砂浆,分层度较小。(　　)

2. 砂浆和易性的内容与混凝土相同。(　　)

3. 砂浆的组成材料与混凝土一样,都是由胶凝材料、骨料和水组成的。(　　)

4. 配制砌筑砂浆,一般宜选用中砂,毛石砌体宜选用粗砂。(　　)

5. 影响砌筑砂浆流动性的因素,主要是水泥的品种与用量、砂子的粗细程度及级配等,而与用水量无关。(　　)

四、论述题

1. 砌筑砂浆的和易性与混凝土的和易性有何异同。

2. 砂浆的保水性主要取决于什么?如何提高砂浆的保水性?

3. 普通抹面砂浆的技术要求包括哪几个方面？它与砌筑砂浆的技术要求有何异同？

4. 试评价普通黏土砖的使用特性及应用，墙体材料的发展趋势如何？

5. 天然石材的强度等级是如何划分的？试举例说明。

五、计算题

按要求设计用于砌筑普通毛石砌体的水泥混合砂浆的配合比,设计强度等级为 M10,稠度为 60 ~ 70 mm。

原材料的主要参数:水泥:32.5 级矿渣水泥;干砂:堆积密度为 1 400 kg/m^3;石灰膏:稠度 120 mm;施工水平:一般。

项目五　建筑钢材

一、单项选择题(在每小题的4个备选答案中,选出1个正确答案,并将其代码填在题干中的括号内)

1. 普通碳素结构钢随钢号的增加,钢材的(　　)。

A. 强度增加、塑性增加　　B. 强度增加、塑性降低

C. 强度降低、塑性增加　　D. 强度降低、塑性降低

2. 在低碳钢的应力应变图中,有线性关系的是(　　)。

A. 弹性阶段　B. 屈服阶段　C. 强化阶段　D. 破坏阶段

3. 伸长率是衡量钢材(　　)的指标。

A. 弹性　B. 塑性　C. 脆性　D. 韧性

4. 在钢结构中常用(　　)轧制成钢板、钢管、型钢来建造桥梁、高层建筑及大跨度钢结构建筑。

A. 碳素钢　　B. 低合金高强度结构钢

C. 热处理钢筋　　D. 冷拔低碳钢丝

5. 钢材中(　　)的含量过高,将导致其冷脆现象发生。

A. 碳　B. 磷　C. 硫　D. 硅

6. 钢是含碳量低于2.06%的铁-碳合金,并含有Si、Mn、S、P等元素,当合金元素总含量小于5%的为低合金钢,5%~10%的为中合金钢,大于10%的为高合金钢,水利工程常用(　　)。

A. 高合金钢　B. 中合金钢　C. 低合金钢　D. 结构钢

7. 当钢的含碳量小于0.9%时,随着钢中含碳量的增加,钢的(　　)。

A. 强度、硬度、塑性提高　　B. 强度提高,塑性降低

C. 强度降低,塑性提高　　D. 强度、塑性都降低

8. 钢结构设计时,碳素结构钢以(　　)作为设计计算取值的依据。

A. 屈服强度　B. 抗拉强度　C. 条件屈服强度　D. 弹性极限

9. 钢材中(　　)的含量过高,将导致其热脆现象发生。

A. 碳　B. 磷　C. 硫　D. 氮

10. 钢材经冷加工后,性能会发生显著变化,其(　　)提高。

A. 屈服强度　B. 塑性　C. 硬度　D. 弹性

二、多项选择题(在每小题的5个备选答案中,选出2个或2个以上正确答案,并将其代码填在题干中的括号内)

1. 钢材的冷弯性能指标用试件在常温下能承受的弯曲程度表示,区分弯曲程度的指标是(　　)。

A. 试件被弯曲的角度　B. 弯心直径　C. 试件厚度
D. 试件直径　E. 弯心直径与试件厚度或直径的比值

2. 下列元素在钢材中哪些是有害成分(　　)。

A. 氧　B. 锰　C. 磷　D. 硫
E. 硅

3. 钢材随含碳量的(　　)而强度提高,其韧性及延性(　　)。

A. 减少　B. 增加　C. 提高　D. 降低
E. 无变化

4. 引起钢材热脆性的元素是(　　)。

A. 锰　B. 磷　C. 硫　D. 氧
E. 氢

5. 钢筋冷拉后,其(　　)会提高。

A. 屈服点　B. 抗拉强度　C. 伸长率　D. 应变
E. 比例极限

6. 经冷拉时效处理的钢材,其特点是(　　)进一步提高,(　　)进一步降低。

A. 塑性　B. 韧性　C. 屈服点　D. 抗拉强度
E. 弹性模量

7. 钢材的工艺性能包括(　　)。

A. 冷弯性　B. 可焊性　C. 弹性　D. 脆性
E. 可断性

8. 钢材具有的优异的力学与工艺性能主要有(　　)。

A. 冷弯性能　B. 冲击韧性　C. 抗拉性能　D. 硬度
E. 黏聚性能

三、判断题(在正确的题干后括号内划"√",反之划"×")

1. 钢材的屈强比越大,则结构越安全。(　　)
2. 钢材防锈的根本方法是防止潮湿和隔绝空气。(　　)
3. 热处理钢筋因强度高,综合性能好,质量稳定,最适于普通钢筋混凝土结构。(　　)
4. 钢材的化学成分中,S、P、O为有害元素。(　　)
5. 钢材冷拉是指在常温下将钢材拉断,以伸长率作为性能指标。(　　)
6. 钢材的伸长率表明钢材的塑性变形能力,伸长率越大,钢材的塑性越好。(　　)
7. 钢材中含磷则影响钢材的热脆性,而含硫则影响钢材的冷脆性。(　　)

四、论述题

1. 论述钢的冶炼方法。冶炼方法不同,性能上有何影响?

2. 论述建筑钢材的主要技术性能。低碳钢在拉伸过程中可分成几个阶段？各阶段有什么特点?

3. 论述钢材的冷加工和时效对钢材的性能的影响。

4. 举例说明碳素结构钢牌号的含义。

五、计算题

有一钢筋试件,直径为 25 mm,原始标距为 125 mm,做拉伸试验。屈服点荷载为 201.0 kN,最大荷载为 250.3 kN,拉断后测得断后标距长为 138 mm,求该钢筋的屈服强度、抗拉强度及断后伸长率。

项目六 合成高分子材料

一、单项选择题(在每小题的4个备选答案中,选出1个正确答案,并将其代码填在题干中的括号内)

1. 分子链间吸引力小、柔顺性高的高分子聚合物,适宜制成(　　)。
   A. 橡胶　　B. 合成纤维　　C. 塑料　　D. 胶粘剂
2. 聚合物胶结混凝土是完全以(　　)为胶结材料,黏结粗、细骨料构成的混凝土。
   A. 聚合物　　B. 水泥　　C. 沥青　　D. 黏土

二、多项选择题(在每小题的5个备选答案中,选出2个或2个以上正确答案,并将其代码填在题干中的括号内)

1. 聚氯乙烯具有(　　)。
   A. 较高的黏结力　　B. 良好的化学稳定性
   C. 一定的弹性和韧性　　D. 耐热性较差
   E. 大气稳定性较差
2. 聚合物胶结混凝土具有(　　)等主要技术性能。
   A. 表观密度小　　B. 强度高
   C. 与骨料的黏附性强　　D. 结构密实
   E. 强度低
3. 土工合成材料的主要功能有(　　)。
   A. 加筋作用　　B. 隔离作用　　C. 防渗作用　　D. 排水作用
   E. 防护功能
4. 土工合成材料的主要力学特性有(　　)。
   A. 蠕变性能　　B. 耐久性　　C. 拉伸特性　　D. 撕裂强度
   E. 握持强度
5. 土工合成材料的主要类型包括(　　)。
   A. 土工织物　　B. 土工格栅　　C. 土工膜　　D. 土工网
   E. 土工复合材料

三、论述题

1. 简要论述土工合成材料的优越性。

2. 常用土工合成材料的种类有哪些？各有何特点？

3. 土工合成材料功能及其作用机理是什么？

4. 请在下列工程中选用合适的土工合成材料。

(1)堤坝黏土斜墙和黏土心墙的反滤层；

(2)土堤下游坡的排水层；

(3)堤坝排水体与坝体的隔离层；

(4)透水地基上堤坝的水平防渗铺盖和垂直防渗墙；

(5)水闸护底；

(6)堤坝边坡加筋。

项目七　沥青、防水材料

一、单项选择题(在每小题的4个备选答案中，选出1个正确答案，并将其代码填在题干中的括号内)

1. 沥青的塑性用(　　)指标来表示。
   A. 针入度　B. 延伸度　C. 软化点　D. 闪点
2. 沥青是(　　)材料。
   A. 亲水性　B. 憎水性　C. 吸水性　D. 绝热
3. 下列选项中，除(　　)以外均为改性沥青。
   A. 氯丁橡胶沥青　B. 聚乙烯树脂沥青
   C. 沥青胶　D. 煤沥青
4. (　　)说明石油沥青的大气稳定性愈高。
   A. 蒸发损失率愈小，蒸发后针入度比愈大
   B. 蒸发损失和蒸发后针入度比愈大
   C. 蒸发损失率愈大，蒸发后针入度比愈小
   D. 蒸发损失和蒸发后针入度比愈小
5. 建筑工程常用的是(　　)沥青。
   A. 煤油　B. 焦油　C. 石油　D. 页岩
6. (　　)好的沥青不会因温度较高而流淌，也不致因温度低而脆裂。
   A. 大气稳定性　B. 温度稳定性　C. 黏性　D. 塑性
7. 石油沥青的组分长期在大气中将会转化，其转化顺序是(　　)。
   A. 按油分、树脂、地沥青质的顺序递变　B. 按地沥青质、树脂、油分的顺序递变
   C. 固定不变　D. 不断减少
8. 软化点较高的沥青，其(　　)较小。
   A. 黏性　B. 温度敏感性　C. 塑性　D. 大气稳定性

二、多项选择题(在每小题的5个备选答案中，选出2个或2个以上正确答案，并将其代码填在题干中的括号内)

1. 石油沥青最主要的三个组分包括(　　)。
   A. 沥青碳　B. 油分　C. 树脂　D. 地沥青质
   E. 石蜡
2. 石油沥青按加工方法不同有许多品种，其中最常用的是(　　)。
   A. 焦油沥青　B. 煤油沥青　C. 直馏沥青　D. 页岩沥青
   E. 氧化沥青

3. 选用的沥青软化点越高,沥青胶的(　　　)越高,夏季受热时不流淌;选用的沥青延度大,沥青胶的(　　　)较好,不易开裂。

A. 黏滞性　　B. 耐热性　　C. 大气稳定性　　D. 防水性

E. 柔韧性

4. 乳化沥青是将沥青微粒(　　　),为使其稳定必须加入(　　　)。

A. 稀释剂　　B. 溶解于水中　　C. 催化剂　　D. 乳化剂

E. 分散于水中

5. 根据用途不同,沥青分为(　　　)。

A. 道路石油沥青　　B. 建筑石油沥青

C. 水工石油沥青　　D. 天然沥青

E. 焦油沥青

6. 常用作沥青矿物填充料的物质有(　　　)。

A. 滑石粉　　B. 石灰石粉　　C. 磨细粉　　D. 水泥

E. 石棉纤维

三、判断题(在正确的题干后括号内划"√",反之划"×")

1. 石油沥青的黏滞性用针入度表示,针入度值的单位是"mm"。(　　)

2. 石油沥青的主要组分是油分、树脂和地沥青质,它们都是随时间的延长而逐渐减少的。(　　)

3. 当温度在一定范围内变化,石油沥青的黏性和塑性变化较小时,则为温度敏感性较大。(　　)

4. 同一品种的石油沥青牌号越高,其温度敏感性越大。(　　)

5. 石油沥青的软化点越低,则其温度敏感性越小。(　　)

6. 当采用一种沥青不能满足配制沥青胶所要求的软化点时,可随意采用石油沥青与煤沥青掺配。(　　)

7. 石油沥青的牌号愈高,其综合性能就愈好。(　　)

8. 石油沥青比煤沥青的毒性大,防腐能力也更强。(　　)

9. 用于沥青防水卷材的基层处理剂,习惯上叫作冷底子油。(　　)

四、论述题

1. 石油沥青的主要技术性质是什么?各用什么指标表示?

2. 石油沥青的老化与组分有何关系？沥青老化过程中性质发生哪些变化？沥青老化对工程有何影响？

3. 简述建筑石油沥青、道路石油沥青和水工石油沥青的工程应用。

4. 简述煤沥青的特点与应用。

5. 简述沥青混合料的组成材料及要求。

6. 简述水工沥青混合料的主要技术性质。

项目八　木　材

一、单项选择题(在每小题的4个备选答案中,选出1个正确答案,并将其代码填在题干中的括号内)

1.(　　)是木材物理、力学性质发生变化的转折点。

A.纤维饱和点　B.平衡含水率　C.饱和含水率　D.A、B之和

2.(　　)是木材最大的缺点。

A.易燃　B.易腐朽　C.易开裂和翘曲　D.易吸潮

3.木材的组织结构决定了它的许多性质为各向异性,在力学性质上尤为突出,木材的抗拉、抗压、抗弯、抗剪四种强度均具有明显的(　　)。

A.均匀性　B.弯曲性　C.不平衡性　D.方向性

4.(　　)是木材的主体。

A.木质部　B.髓心　C.年轮　D.树皮

5.当木材的含水率大于纤维饱和点时,随含水率的增加,木材的(　　)。

A.强度降低,体积膨胀　B.强度降低,体积不变

C.强度降低,体积收缩　D.强度不变,体积不变

6.相同树种木材强度中,(　　)强度最大。

A.顺纹抗拉强度　B.顺纹抗压强度

C.横纹抗拉强度　D.横纹抗压强度

7.木材的含水率中,引起木材物理化学性质变化的含水率转折点是(　　)。

A.平衡含水率　B.标准含水率　C.风干含水率　D.纤维饱和点

8.影响木材性质最主要的因素是(　　)。

A.含水率　B.温度　C.表观密度　D.内部结构

二、多项选择题(在每小题的5个备选答案中,选出2个或2个以上正确答案,并将其代码填在题干中的括号内)

1.影响木材强度的主要因素有(　　)。

A.密度　B.含水率　C.负荷时间　D.环境温度

E.荷载方向

2.木材的缺陷主要有(　　)。

A.节子　B.腐朽　C.斜纹　D.虫蛀

E.密度

3.真菌在木材中生存和繁殖必须具备的条件是(　　)。

A.水分　B.适宜的温度　C.空气　D.空气中的氧

E.适宜的湿度

4. 相同树种，年轮越密，材质（　　　）；夏材部分（　　　），木材强度越高。

A. 越稀　B. 越少　C. 越差　D. 越好

E. 越多

三、判断题（在正确的题干后括号内划"√"，反之划"×"）

1. 木材的含水率增大时，体积一定膨胀；含水率减少时，体积一定收缩。（　）
2. 当夏材率高时，木材的强度高，表观密度也大。（　）
3. 针叶树材强度较高，表观密度和胀缩变形较小。（　）
4. 纤维饱和点是木材强度和体积随含水率发生变化的转折点。（　）

四、论述题

1. 什么是木材的纤维饱和点？它有何实际意义？

2. 木材的含水率变化对其强度、变形、导热、表观密度和耐久性有何影响？

3. 木材腐朽的条件和防腐措施是什么？

第二部分　单项技能训练

项目一　水泥检测

任务一　水泥试样的取样

一、检测依据

《水泥取样方法》(GB/T 12573—2008)。

二、水泥取样方法及实验室温、湿度一般规定

(1)取样方法:水泥按同品种、同强度等级进行编号和取样。袋装水泥和散装水泥应分别进行编号和取样。每一编号为一取样单位,编号根据水泥厂年生产能力按国家标准进行。取样应有代表性,可连续取,亦可从20个以上不同部位取等量样品,总量不得少于12 kg。

(2)取得的水泥试样应通过0.9 mm方孔筛,充分混合均匀,分成两等份,一份进行水泥各项性能试验,一份密封保存3个月,供做仲裁检验时使用。

(3)试验室用水必须是洁净的淡水。

(4)筛析法测定水泥细度时对实验室的温、湿度没有要求;水泥比表面积测定时要求实验室的相对湿度不大于50%,其他试验要求实验室的温度应保持在(20±2)℃,相对湿度不低于50%。湿气养护箱温度为(20±1)℃,相对湿度不小于90%;养护水的温度为(20±1)℃。

(5)水泥试样、标准砂、拌和水、仪器和用具的温度均应与实验室温度相同。

任务二　水泥细度检测

一、检测依据

《水泥细度检验方法　筛析法》(GB/T 1345—2005)。

二、检测目的

检验水泥颗粒粗细程度,评判水泥质量。

三、仪器设备(负压筛法)

(1)负压筛析仪:由筛座、负压筛、负压源及收尘器组成。筛座由转速(30±2) r/min

的喷气嘴、负压表、微电机及壳体组成，如图 2-1 所示。

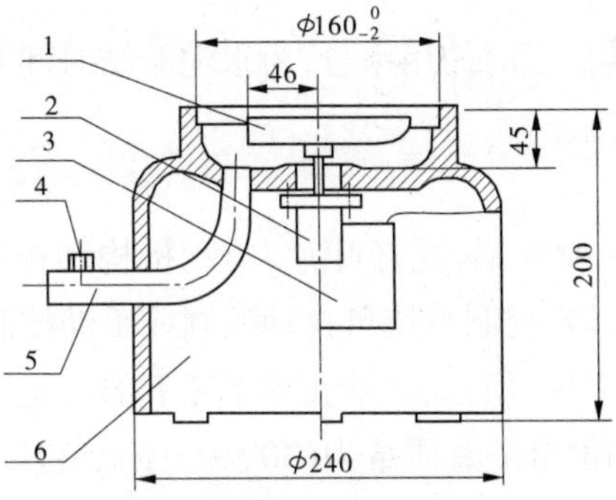

1—喷气嘴；2—微电机；3—控制板开口；

4—负压表接口；5—负压源及收尘器接口；6—壳体

图 2-1　负压筛析仪筛座示意图　（单位：mm）

(2) 天平：称量 100 g，感量 0.01 g。

四、检测步骤（负压筛法）

(1) 试验前把负压筛放在筛座上，盖上筛盖，接通电源，检查控制系统，调节负压至 4 000 ~ 6 000 Pa。

(2) 称取水泥试样精确至 0.01 g，80 μm 筛析试验称取 25 g，45 μm 筛析试验称取 10 g。将试样置于洁净的负压筛中，放在筛座上，盖上筛盖。

(3) 启动负压筛析仪，连续筛析 2 min，在此期间若有试样黏附于筛盖上，可轻轻敲击筛盖使试样落下。

(4) 筛毕，取下筛子，倒出筛余物，用天平称量筛余物的质量，精确至 0.01 g。

五、结果计算与评定

水泥试样筛余百分数按式(2-1)计算，精确至 0.1%。

$$F = \frac{R_t}{W} \times 100\% \qquad (2\text{-}1)$$

式中　F——水泥试样筛余百分数(%)；

R_t——水泥筛余物的质量，g；

W——水泥试样的质量，g。

合格评定时，每个样品应称取两个试样分别筛析，取筛余平均值为筛析结果。如两次筛余结果绝对误差大于 0.5%（筛余值大于 5.0% 时可放至 1.0%），应再做一次试验，取两次相近结果的算术平均值作为最终结果。

任务三　水泥标准稠度用水量测定（标准法）

一、检测依据

《水泥标准稠度用水量、凝结时间、安定性检验方法》(GB/T 1346—2011)。

二、检测目的

测定水泥净浆达到标准稠度时的用水量,为水泥凝结时间和安定性试验做好准备。

三、仪器设备

(1)水泥净浆搅拌机:由搅拌锅、搅拌叶片、传动机构和控制系统组成。搅拌叶片作与旋转方向相反的公转和自转,控制系统可自动控制或手动控制。

(2)标准法维卡仪:如图2-2所示,由金属滑杆(下部可旋接测标准稠度用试杆或试锥、测凝结时间用试针,滑动部分的总质量为(300 ±1)g)、底座、松紧螺丝、标尺和指针组成。标准法采用金属圆模。

(3)其他仪器:天平,最大称量不小于1 000 g,分度值不大于1 g;量筒,最小刻度为0.1 mL,精度为1%。

四、检测步骤

(1)调整维卡仪并检查水泥净浆搅拌机。维卡仪上的金属棒能自由滑动,并调整至试杆接触玻璃板时的指针对准零点。搅拌机运行正常,并用湿布将搅拌锅和搅拌叶片擦湿。

(2)称取水泥试样500 g,拌和水量按经验确定并用量筒量好。

(3)将拌和水倒入搅拌锅内,然后在5 ~ 10 s内将水泥试样加入水中。将搅拌锅放在锅座上,升至搅拌位,启动搅拌机,先低速搅拌120 s,停15 s,再快速搅拌120 s,然后停机。

(4)拌和结束后,立即取适量水泥浆一次性将其装入置于玻璃底板上的试模中,如浆体超过试模上端,用宽约25 mm的直边刀轻轻拍打超出试模部分的浆体5次,以排除浆体中的孔隙,然后在试模上表面约1/3处,略倾斜于试模分别向外轻轻锯掉多余净浆,再从试模边沿轻抹顶部一次,使净浆表面光滑。在锯掉多余净浆和抹平的操作过程中,注意不要压实净浆。

抹平后迅速将试模和底板移到维卡仪上,将其中心定在试杆下,降低试杆直至与水泥净浆表面接触,拧紧螺丝1 ~ 2 s后,突然放松,使试杆垂直自由地沉入水泥净浆中。

(5)在试杆停止沉入或释放试杆30 s时,记录试杆距底板之间的距离,升起试杆后,立即擦净。整个操作应在搅拌后1.5 min内完成。

五、结果计算与评定

以试杆沉入净浆并距底板(6 ±1) mm的水泥净浆为标准稠度水泥净浆。标准稠度用水量(P)以拌和标准稠度水泥净浆的水量除以水泥试样总质量的百分数为准。

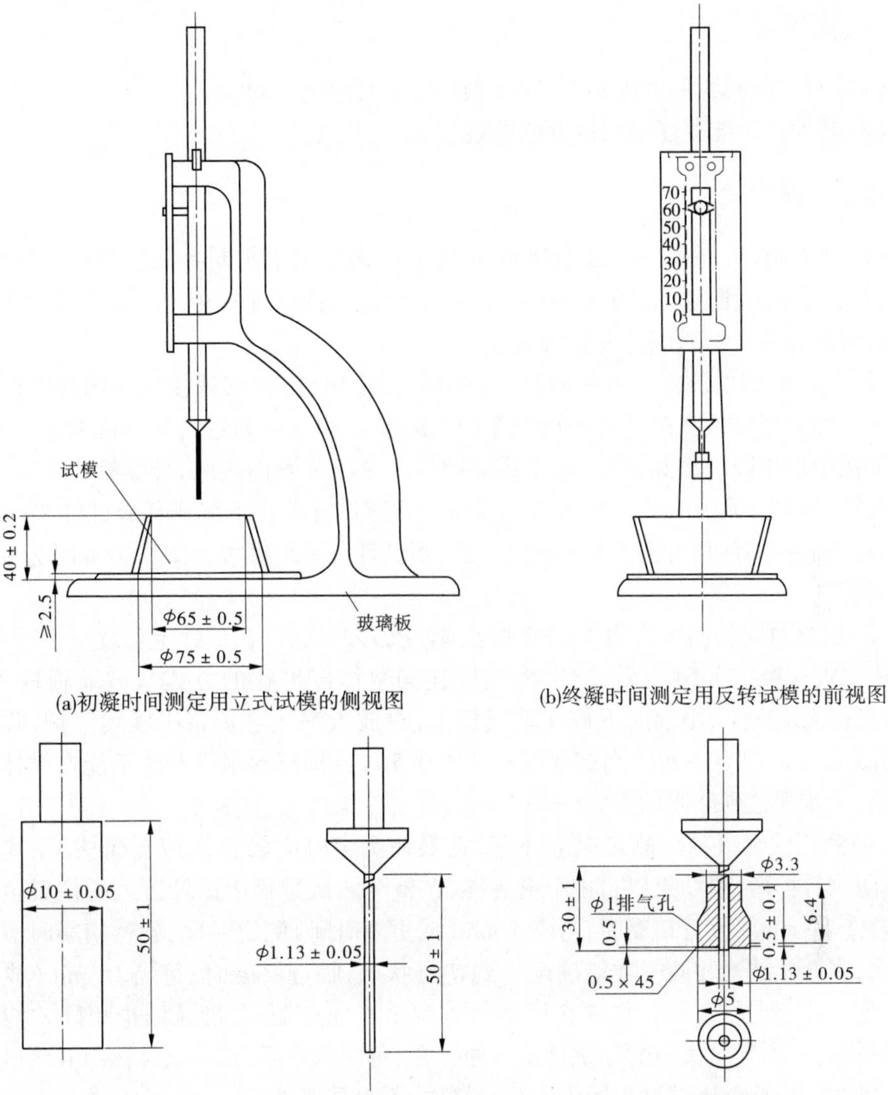

(a)初凝时间测定用立式试模的侧视图　(b)终凝时间测定用反转试模的前视图

(c)标准稠度试杆　(d)初凝用试针　(e)终凝用试针

图 2-2　测定水泥标准稠度和凝结时间用的维卡仪　(单位:mm)

任务四　水泥净浆凝结时间测定

一、检测依据

《水泥标准稠度用水量、凝结时间、安定性检验方法》(GB/T 1346—2011)。

二、检测目的

测定水泥的初凝时间和终凝时间,评定水泥质量。

三、仪器设备

(1)湿气养护箱:温度控制在(20±1) ℃,相对湿度>90%。

(2)其他同标准稠度用水量测定试验。

四、检测步骤

(1)试件制备。称取水泥试样500 g,按标准稠度用水量制备标准稠度水泥净浆,装模(装模方法同标准稠度用水量)和刮平后,立即放入湿气养护箱中。记录水泥全部加入水中的时间作为凝结时间的起始时间。

(2)初凝时间的测定。首先调整凝结时间测定仪,使其试针接触玻璃板时的指针对准零点。然后将试模在湿气养护箱中养护至加水后30 min时进行第一次测定。测定时,从养护箱中取出圆模放到试针下,降低试针与水泥净浆表面接触,拧紧螺丝1 ~ 2 s后,突然放松,使试针垂直自由地沉入水泥净浆。观察试针停止下沉或释放试针30 s时指针的读数。临近初凝时,每隔5 min测定一次,当试针沉至距底板(4±1) mm时为水泥达到初凝状态。

(3)终凝时间的测定。为了准确观察试针沉入的状况,在试针上安装一个环形附件。在完成水泥初凝时间测定后,立即将试模连同浆体以平移的方式从玻璃板取下,翻转180°,直径大端向上,小端向下放在玻璃板上,再放入湿气养护箱中继续养护,临近终凝时,每隔15 min测定一次。当试针沉入试体0.5 mm,即环形附件开始不能在试体上留下痕迹时,为水泥达到终凝状态。

(4)测定注意事项。测定时应注意,在最初测定时应轻轻扶持金属柱,使其徐徐下落,以防试针撞弯,但结果以自由下落为准;在整个测试过程中试针沉入的位置至少要距试模内壁10 mm。临近初凝时,每隔5 min(或更短时间)测定一次,到达初凝时应立即重复一次,当两次结论相同时才能确定达到初凝状态;临近终凝时,每隔15 min(或更短时间)测定一次,到达终凝时,需要在试体另外两个不同点测试,确认结论相同才能确定达到终凝状态。测定结束不能让试针落入原针孔,每次测定后,须将试针擦净并将试模放回湿气养护箱内,整个测试过程圆模要轻拿轻放,不得受振动。

五、结果计算与评定

(1)由水泥全部加入水中至初凝状态的时间为水泥的初凝时间,用“min”表示。

(2)由水泥全部加入水中至终凝状态的时间为水泥的终凝时间,用“min”表示。

任务五　水泥体积安定性测定

一、检测依据

《水泥标准稠度用水量、凝结时间、安定性检验方法》(GB/T 1346—2011)。

二、检测目的

检验水泥硬化后体积变化的均匀性,以评定水泥质量。

三、仪器设备

(1)沸煮箱:箱内装入的水,应保证在(30 ±5) min 内由室温加热至沸腾状态,并保持(180 ±5) min,整个试验过程中不需补充水量。

(2)雷氏夹:如图 2-3 所示,由铜质材料制成。当一根指针的根部先悬挂在一根尼龙丝上,另一根指针的根部再挂上 300 g 的砝码时,两根指针针尖的距离增加应在(17.5 ± 2.5) mm 范围内,即 $2x=(17.5\pm2.5)$ mm,如图 2-4 所示,去掉砝码后针尖的距离能恢复至挂砝码前的状态。

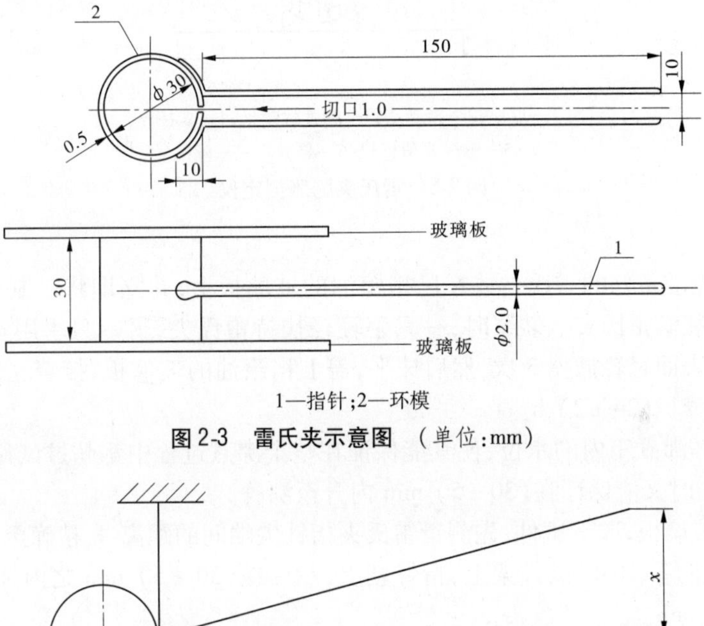

1—指针;2—环模

图 2-3 雷氏夹示意图 (单位:mm)

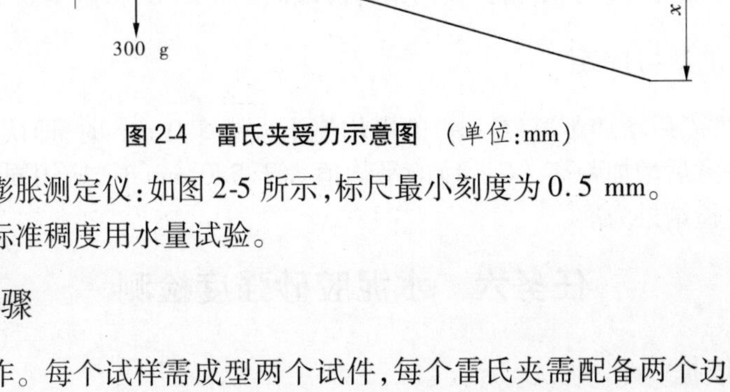

图 2-4 雷氏夹受力示意图 (单位:mm)

(3)雷氏夹膨胀测定仪:如图 2-5 所示,标尺最小刻度为 0.5 mm。

(4)其他同标准稠度用水量试验。

四、检测步骤

(1)准备工作。每个试样需成型两个试件,每个雷氏夹需配备两个边长或直径约为 80 mm,厚度 4 ~ 5 mm 的玻璃板,凡与水泥净浆接触的玻璃板和雷式夹内表面都要稍稍

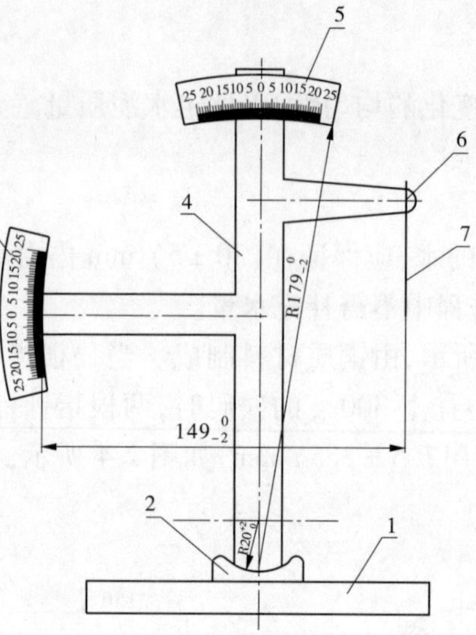

1—底座;2—模子座;3—测弹性标尺;4—立柱;

5—测膨胀值标尺;6—悬臂;7—悬丝

图2-5 雷氏夹膨胀测定仪

涂上一层油。

(2)将预先准备好的雷氏夹放在已稍擦油的玻璃板上,并立即将已制好的标准稠度水泥净浆一次装满雷氏夹。装浆时,一只手轻轻扶持雷氏夹,另一只手用宽约25 mm的直边刀在浆体表面轻轻插捣3次,然后抹平,盖上稍涂油的玻璃板,接着立即将试件移至湿气养护箱内养护(24 ±2) h。

(3)调整好沸煮箱内的水位,使其能保证在整个沸煮过程中都超过试件,不需中途添补试验用水,同时又能保证在(30 ±5) min内升至沸腾。

(4)脱去玻璃板,取下试件,先测量雷氏夹指针尖端间的距离A,精确至0.5 mm,接着将试件放入沸煮箱水中的试件架上,指针朝上,然后在(30 ±5) min之内加热至沸腾,并恒沸(180 ±5) min。

(5)沸煮结束后,立即放掉沸煮箱中的热水,打开箱盖,待箱体冷却至室温,取出试件。用雷氏夹膨胀测定仪测量雷氏夹两指针尖端间的距离C,精确至0.5 mm。

五、结果计算与评定

当两个试件煮后增加距离($C-A$)的平均值不大于5.0 mm时,即认为水泥安定性合格;当两个试件煮后增加距离($C-A$)的平均值大于5.0 mm时,应用同一样品立即重做一次试验,以复检结果为准。

任务六 水泥胶砂强度检测

一、检测依据

《水泥胶砂强度检验方法(ISO法)》(GB/T 17671—1999)。

二、检测目的

测定水泥各龄期的强度，以确定水泥强度等级，或已知强度等级，检验强度是否满足国家标准所规定的各龄期强度数值。

三、仪器设备

（1）行星式搅拌机：应符合《行星式水泥胶砂搅拌机》（JC/T 681—2005）要求，如图2-6所示。

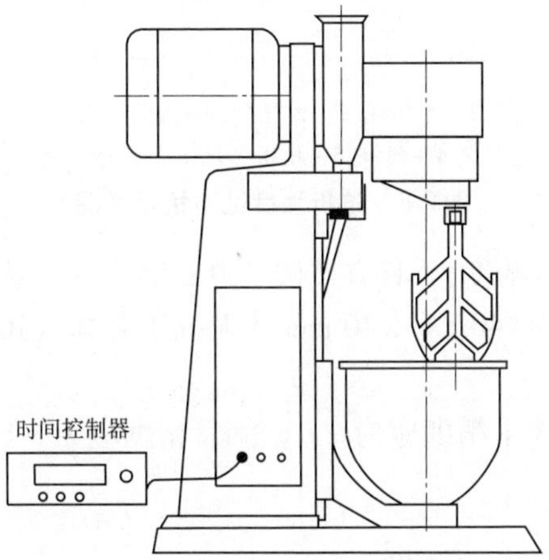

图2-6　胶砂搅拌机示意图

（2）试模：由三个水平的模槽（三联模）组成，可同时成型三条截面为40 mm×40 mm、长160 mm的棱形试体。在组装试模时，应用黄干油等密封材料涂覆模型的外接缝，试模的内表面应涂上一薄层模型油或机油。为控制试模内料层厚度和刮平胶砂，应备有两个播料器和一个金属刮平直尺。

（3）振实台：应符合《水泥胶砂试体成型振实台》（JC/T 682—2005）要求，如图2-7所示。

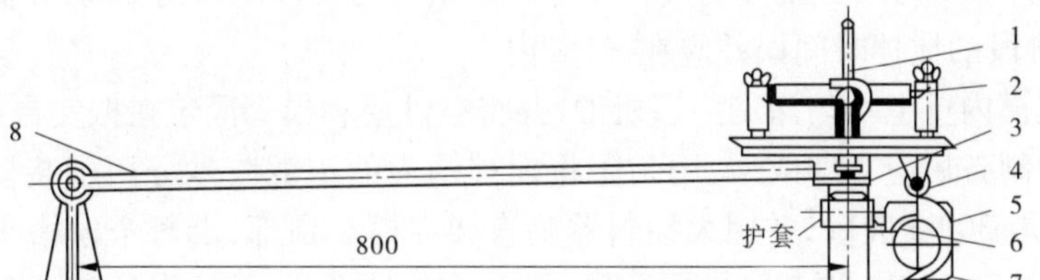

1—卡具；2—模套；3—突头；4—随动轮；5—凸轮；6—止动器；7—同步电机；8—臂杆

图2-7　振实台示意图　（单位：mm）

（4）抗折强度试验机：应符合《水泥胶砂电动抗折试验机》（JC/T 724—2005）要求，如图2-8所示。

（5）抗压强度试验机：试验机的最大荷载以200 ~ 300 kN为佳，在较大的4/5量程范

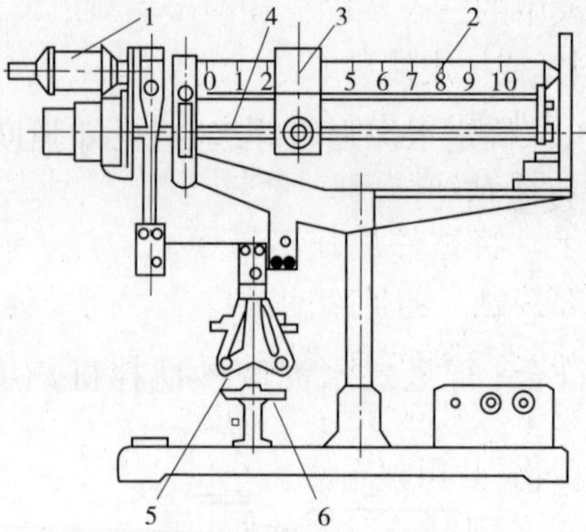

1—平衡砣;2—大杠杆;3—游动砝码;

4—丝杆;5—抗折夹具;6—手轮

图 2-8　抗折强度试验机示意图

围内记录的荷载应有 ±1% 精度,并具有按(2 400 ±200) N/s 速率加荷的能力。

(6)抗压夹具。应符合《40 mm×40 mm 水泥抗压夹具》(JC/T 683—2005)要求,受压面积为 40 mm×40 mm。

(7)其他。称量用的天平精度应为 ±1 g,滴管精度应为 ±1 mL。

四、检测步骤

(一)水泥胶砂试件制备

(1)水泥胶砂试件是由水泥、中国 ISO 标准砂、拌和用水按 1∶3∶0.5 的比例拌制而成的。一锅胶砂可成型三条试体,每锅材料用量为:水泥(450 ±2) g,标准砂(1 350 ±5) g,水(225 ±1) g。按规定称量好各种材料。

(2)将水加入胶砂搅拌锅内,再加入水泥,把锅放在固定架上,升至固定位置,然后启动机器,低速搅拌 30 s,在第二个 30 s 开始的同时均匀地加入标准砂;再高速搅拌 30 s;停 90 s,在第一个 15 s 内用一胶皮刮具将叶片和锅壁上的胶砂刮入锅中间;在高速下继续搅拌 60 s。各阶段的搅拌时间误差应在 ±1 s 内。

(3)在试模内壁上均匀涂刷一层机油,并将空试模和模套固定在振实台上。

(4)胶砂制备后应立即成型,用勺子将搅拌锅内的水泥胶砂分两层装模。装第一层时,每个槽约放 300 g 胶砂,并用大播料器垂直架在模套顶部,沿每个模槽来回一次将料层播平,接着振动 60 次,再装第二层胶砂,用小播料器播平,再振动 60 次。

(5)移走模套,取下试模,用金属直尺以近似 90°的角度架在试模模顶一端,沿试模长度方向做锯割动作,慢慢向另一端移动,一次将超过试模表面部分的胶砂刮去,并用同一直尺以近乎水平的状态将试件表面抹平。

(二)水泥胶砂试件的养护

(1)脱模前的处理和养护。去掉试模四周的胶砂,立即将试模放入雾室或湿箱的水平架上养护,湿空气应能与试模各边接触。养护时不应将试模放在其他试模上,一直养护到规定的脱模时间取出试件。脱模前用防水墨汁或颜料笔对试件编号,两个以上龄期的试件，在编号时应将同一试模中的三条试件分在两个以上龄期内。

(2)脱模。脱模可用塑料锤或橡皮榔头或专门的脱模器，应非常小心。对于24 h以内龄期的，应在破型试验前20 min内脱模；对于24 h以上龄期的，应在成型后20 ~ 24 h脱模。

(3)水中养护。将脱模后已做好标记的试件立即水平或竖直放在(20 ±1) ℃水中养护，水平放置时刮平面应朝上。将试件放在不易腐烂的箅子上，并使彼此间保持一定间距，以让水与试件的六个面都接触。养护期间试件之间间隔或试件上表面的水深不得小于5 mm，每个养护池只养护同类型的水泥试件，不允许在养护期间全部换水。

除24 h龄期或延迟至48 h脱模的试件外，任何到龄期的试件，应在破型前15 min从水中取出，揩去试件表面沉积物，并用湿布覆盖至试验为止。

(4)水泥胶砂试件养护至各规定龄期。试件龄期是从水泥加水搅拌开始起算，不同龄期的强度在下列时间里进行测定：24 h ± 15 min；48 h ± 30 min；72 h ± 45 min；7 d ±2 h；>28 d ±8 h。

(三)水泥胶砂试件的强度测定

(1)抗折强度试验。将试件安放在抗折夹具内，试件的侧面与试验机的支撑圆柱接触，试件的长轴垂直于支撑圆柱。启动试验机，以(50 ±10) N/s的速度均匀地加荷，直至试件断裂。

(2)抗压强度试验。使抗折强度试验后的6个断块试件保持潮湿状态，并立即进行抗压试验，将断块试件放入抗压夹具内，并以试件的侧面作为受压面。启动试验机，以(2 400 ±200) N/s的速度进行加荷，直至试件破坏。

五、结果计算与评定

(一)抗折强度

(1)每个试件的抗折强度f_{tm}按式(2-2)计算，精确至0.1 MPa。

$$f_{tm} = \frac{3FL}{2b^3} = 0.002\ 34F \tag{2-2}$$

式中　F——折断时施加于棱柱体中部的荷载，N；

L——支撑圆柱体之间的距离，mm，$L = 100$ mm；

b——棱柱体截面正方形的边长，mm，$b = 40$ mm。

(2)以一组三个试件抗折试验的平均值作为试验结果。当三个强度值中有超出平均值±10%时，应剔除后，再取平均值作为抗折强度试验结果。计算精确至0.1 MPa。

(二)抗压强度

(1)每个试件的抗压强度f_c按式(2-3)计算，精确至0.1 MPa。

$$f_c = \frac{F}{A} = 0.000\ 625F \tag{2-3}$$

式中　F——试件破坏时的最大抗压荷载，N；

A——受压部分面积，mm^2(40 mm ×40 mm截面时，为1 600 mm^2)。

(2)以一组三个棱柱体上得到的6个抗压强度测定值的算术平均值作为试验结果。如6个测定值中有1个超出平均值的±10%，就应剔除这个结果，而以剩下5个的平均值作为结果；如果5个测定值中再有超过它们平均值±10%的，则此组结果作废。计算精确至0.1 MPa。

任务七　水泥检测记录表

水泥检测原始记录表见表2-1。

表2-1　水泥检测原始记录表

检测编号		检测依据	
水泥品种、强度等级		环境条件	温度____℃;相对湿度____%
生产厂家		检测地点	
样品状态、质量		检测日期	
设备状态	□ 正常 □ 不正常 说明:	检测性质	

细度	次数	试样质量 W(g)	筛余物质量 R_t(g)	筛余百分数 $F = R_t/W \times 100\%$	修正系数 C	修正后筛余百分数 $F_c = C \times F(\%)$	结果(%)	结论
	1							
	2							

标准稠度用水量	开始时间	试样质量(g)	用水量(g)	沉入度(mm)	稠度P(%)

凝结时间							
	初凝	开始时间		结束时间		结果(min)	
	终凝						

安定性		次数	沸煮前距离A(mm)	沸煮后距离C(mm)	增加距离$(C-A)$(mm)	结果(mm)	结论
	标准法	1					
		2					
	代用法	$1^{\#}$试饼		$2^{\#}$试饼		结果	

强度	龄期	检验日期	检验项目	抗折强度 1	抗折强度 2	抗折强度 3	抗折强度 平均值(MPa)	抗压强度 1	抗压强度 2	抗压强度 3	抗压强度 4	抗压强度 5	抗压强度 6	抗压强度 平均值(MPa)
	3 d	月 日	荷载(kN)											
			强度(MPa)											
	28 d	月 日	荷载(kN)											
			强度(MPa)											

检验依据	
仪器设备	负压筛析仪、搅拌机、振实台、净浆搅拌机、抗折仪、万能试验机、沸煮箱、标准法维卡仪、天平、游标卡尺
备注	

检测人:________　　　　校核人:________

项目二　细骨料检测

任务一　砂子试样的取样与处理

一、检测依据

《建设用砂》(GB/T 14684—2011)、《水工混凝土砂石骨料试验规程》(DL/T 5151—2014)等。

二、取样方法

(1)在料堆上取样时,取样部位应均匀分布。取样前先将取样部位表层铲除,然后从不同部位随机抽取大致等量的砂 8 份,组成一组样品。

(2)从皮带运输机上取样时,应用与皮带机等宽的接料器从皮带运输机头部出料处,全断面定时抽取大致等量的砂 4 份,组成一组样品。

(3)从火车、汽车、货船上取样时,从不同部位和深度随机抽取大致等量的砂 8 份,组成一组样品。

三、取样数量

单项试验的最少取样数量应符合表 2-2 规定。做几项试验时,如能确保试样经一项试验后不致影响另一项试验的结果,可用同一试样进行几项不同的试验。

表 2-2　砂单项试验取样数量(GB/T 14684—2011)　(单位:kg)

序号	检验项目	最少取样质量	序号	检验项目		最少取样质量
1	颗粒级配	4.4	10	贝壳含量		9.6
2	含泥量	4.4	11	坚固性	天然砂	8.0
3	石粉含量	6.0			机制砂	20.0
4	泥块含量	20.0	12	表观密度		2.6
5	云母含量	0.6	13	松散堆积密度与空隙率		5.0
6	轻物质含量	3.2	14	碱 - 骨料反应		20.0
7	有机物含量	2.0	15	放射性		6.0
8	硫化物与硫酸盐含量	0.6	16	饱和面干吸水率		4.4
9	氯化物含量	4.4				

四、试样处理

(1)分料器法:将样品在潮湿状态下拌和均匀,然后通过分料器,取接料斗中的其中一份再次通过分料器。重复上述过程,直至把样品缩分到试验所需量。

(2)人工四分法:将所取样品置于平板上,在潮湿状态下拌和均匀,并堆成厚度约为20 mm 的“圆饼”状,然后沿互相垂直的两条直径把“圆饼”分成大致相等的四份,取其中对角的两份重新拌匀,再堆成“圆饼”。重复上述过程,直至把样品缩分到试验所需量。

堆积密度、机制砂坚固性检验所用试样可不经缩分,在拌匀后直接进行试验。

任务二　砂颗粒级配检测

一、检测依据

《水工混凝土砂石骨料试验规程》(DL/T 5151—2014)。

二、检测目的及适用范围

测定砂料颗粒级配,用以评定砂料品质和控制施工质量。

三、仪器设备

(1)天平:称量 1 000 g,感量不大于 1 g。

(2)方孔筛:砂料标准筛一套,满足《试验筛　技术要求和检验　第 1 部分:金属丝编织网试验筛》(GB/T 6003.1—2012)和《试验筛　技术要求和检验　第 2 部分:金属穿孔板试验筛》(GB/T 6003.2—2012)中方孔试验筛的规定,筛孔基本尺寸分别为 10 mm、5 mm、2.5 mm、1.25 mm、0.63 mm、0.315 mm、0.16 mm,含底盘和盖;筛孔大于 5 mm 的试验筛应采用穿孔板试验筛。

(3)摇筛机。

(4)烘箱:控制温度为(105 ± 5) ℃。

(5)搪瓷盘、毛刷等。

四、检测步骤

(1)取样前,应先将砂料通过 10 mm 筛,并算出其筛余百分率。然后在潮湿状态下充分拌匀,用四分法缩分至每份 550 ~ 600 g 的砂样两份,在(105 ± 5)℃的烘箱中烘至恒量(相邻两次称量间隔时间大于 3 h 的情况下,前后两次称量之差不大于天平的规定感量,下同),并冷却至室温。

(2)将每份烘干后的上述砂样全部置于按筛孔大小顺序排列的套筛的最上一号筛(即 5 mm 筛)上,加盖,将整套筛安装在摇筛机上,摇 10 min,取下套筛,按筛孔大小次序在清洁的搪瓷盘上逐个用手筛,筛至每分钟通过量不超过砂样总量的 0.1%。将通过的颗粒并入下一号筛中,并和下一号筛中的砂样一起过筛,顺序进行,直至各号筛全部筛完。

(3)当砂样在各号筛上的筛余量超过 200 g 时,应将该筛余砂样分成两份,再进行筛分,并以两次筛余量之和作为该号筛的筛余量。

砂样如为特细砂,每份砂样量可取 250 g,筛分时在 0.16 mm 筛以下增加 0.08 mm 筛一只,并记录和计算 0.08 mm 筛的筛余量和分计筛余百分率。

无法使用摇筛机时,可直接用手筛。手筛时,将装有砂样的整套筛放在试验台上,右手按着顶盖,左手扶住侧面,将套筛一侧抬起,倾斜度为30°~35°,使筛底与台面成点接触,并按顺时针方向作滚动筛析3 min,然后再逐个过筛至达到要求。

(4)筛完后,将各筛上剩余的砂粒用毛刷轻轻刷净,称出每号筛上的筛余量。

五、结果处理

(1)计算分计筛余百分率(各号筛上的筛余量与试样总质量之比),计算精确至0.1%。

(2)计算累计筛余百分率(该号筛的分计筛余百分率与大于该号筛的各号筛上的分计筛余百分率之和),计算精确至0.1%。

(3)细度模数按式(2-4)计算,精确至0.01。

$$F \cdot M = \frac{(A_2 + A_3 + A_4 + A_5 + A_6) - 5A_1}{100 - A_1} \tag{2-4}$$

式中　$F \cdot M$——砂子细度模数;

A_1、A_2、A_3、A_4、A_5、A_6——5 mm、2.5 mm、1.25 mm、0.63 mm、0.315 mm、0.16 mm各筛上的累计筛余百分率。

(4)以两次测值的平均值作为试验结果。如各筛筛余量和底盘中粉砂质量的总和与原试样质量相差超过试样量的1%,或两次测试的细度模数相差超过0.2,应重做试验。

(5)根据各号筛的累计筛余百分率测定值,绘制筛分曲线。

任务三　砂表观密度及吸水率检测

一、检测依据

《水工混凝土砂石骨料试验规程》(DL/T 5151—2014)。

二、检测目的及适用范围

测定砂料表观密度、饱和面干砂表观密度及吸水率,用以计算混凝土配合比和评定砂料质量。

三、仪器设备

(1)天平:称量2 kg,感量不大于0.5 g。

(2)容量瓶:1 000 mL。

(3)烘箱:控制温度为(105±5)℃。

(4)饱和面干试模:金属制,上口直径38 mm,下口直径89 mm,高73 mm;另附铁制捣棒,直径25 mm,质量340 g(见图2-9)。

(5)方孔筛:应满足《试验筛　技术要求和检验　第2部分:金属穿孔板试验筛》(GB/T 6003.2—2012)中方孔试验筛的规定,筛孔基本尺寸为5 mm。

(6)其他:干燥器、手提吹风机、温度计、搪瓷盘、毛刷、吸水纸等。

四、试验条件

实验室温度为(20±5)℃,相对湿度为40%~70%。

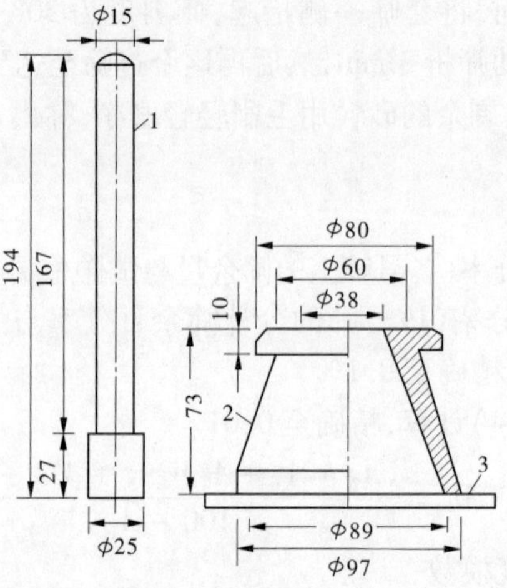

1—捣棒;2—试模;3—玻璃板

图 2-9　饱和面干试模与捣棒　(单位:mm)

五、检测步骤

(1)将砂料通过 5 mm 方孔筛,用四分法取样,在(105 ±5) ℃的烘箱中烘至恒量,冷却至室温备用。

(2)干砂表观密度的检验。

①称取上述烘干后的砂样 600 g(G_1)两份。

②分别将砂样装入盛半满水的容量瓶中,用手旋转摇晃容量瓶,使砂样充分搅动,排出气泡。塞紧瓶盖,静置 24 h,量出瓶内水温,然后用移液管加水至容量瓶颈刻度线处,塞紧瓶盖,擦干瓶外水分,称其质量(G_2)。

③将瓶内的水和砂样全部倒出,洗净容量瓶,再向瓶内注水至瓶颈刻度线处,擦干瓶外水分,称其质量(G_3)。

(3)饱和面干砂表观密度的检验。

①称取砂样约 1 500 g,装入搪瓷盘中,注入清水,使水面高出砂样 2 cm 左右,用玻璃棒轻轻搅拌,排出气泡。静置 24 h 后将水倒出,摊开砂样,用手提吹风机缓缓吹入暖风,并不断翻拌砂样,使砂样表面的水分均匀蒸发。

②将砂样分两层装入饱和面干试模中。第一层装入试模高度的一半,一手按住试模不得错动,一手用捣棒自砂样表面高约 1 cm 处自由落下,均匀插捣 13 次;第二层装满试模,再插捣 13 次。但对特细砂及石粉含量大于 15% 的人工砂,分两层各插捣 5 次;对多棱角的山砂、风化砂及石粉含量小于 15% 的人工砂,分两层各插捣 10 次。

刮平模口后,垂直将试模轻轻提起。如砂样呈如图 2-10(a)所示的形状,说明砂样表面水多,应继续吹干,再按上述方法进行试验,直至试模提起后,砂样开始坍落呈如图 2-10(b)所示的形状,即为饱和面干状态。如试模提起后,试样呈如图 2-10(c)所示形状,说明砂样已过分干燥;此时应喷水 5 ~10 mL,将砂样充分拌匀,加盖后静置 30 min,再按上述方法进行试验,直至达到要求。

在第一次出现如图2-10(b)所示的状态时,应洒水、加盖、静置片刻,再按上述方法进行试验,直至再次出现如图2-10(b)所示的状态,并以这一次的结果为准。

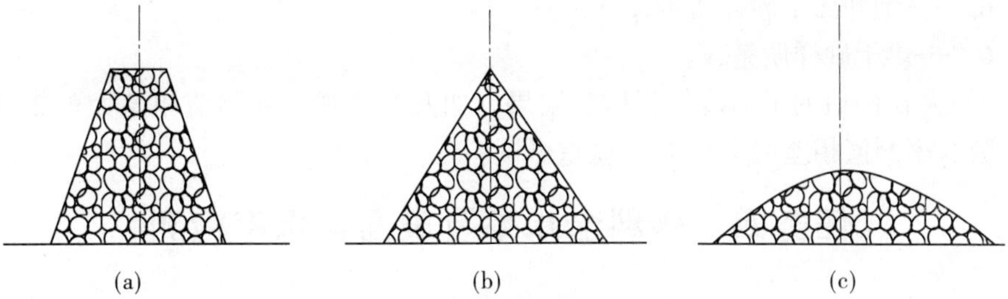

图2-10 饱和面干试验试样形状

③迅速称取饱和面干砂样600 g(G_0)两份,分别装入两个盛半满水的容量瓶内,用手旋转摇动容量瓶排除气泡。静置30 min,测瓶内水温,然后加水至容量瓶颈刻度线处,塞紧瓶盖,擦干瓶外水分,称出质量(G_4)。

④倒出瓶内的水和砂样,将瓶洗净,再注水至瓶颈刻度线处,测瓶内水温;本步骤和上一步加入容量瓶中的水,温差不得超过2 ℃。擦干瓶外水分,塞紧瓶盖,称出质量(G_3)。

(4)砂料饱和面干吸水率的测定。称取饱和面干砂样500 g(G_0)两份,烘至恒量,冷却至室温后称出质量(G)。

六、结果处理

(1)干砂表观密度按式(2-5)计算(精确至10 kg/m³):

$$\rho = \frac{G_1}{G_1 + G_3 - G_2} \times 1\,000 \tag{2-5}$$

式中 ρ——干砂表观密度,kg/m³;

G_1——烘干砂样质量,g;

G_2——烘干砂样、水及容量瓶总质量,g;

G_3——水及容量瓶总质量,g。

(2)饱和面干砂表观密度按式(2-6)计算(精确至10 kg/m³):

$$\rho_1 = \frac{G_0}{G_0 + G_3 - G_4} \times 1\,000 \tag{2-6}$$

式中 ρ_1——饱和面干砂表观密度,kg/m³;

G_0——饱和面干砂样质量,g;

G_3——水及容量瓶总质量,g;

G_4——饱和面干砂样、水及容量瓶总质量,g。

(3)饱和面干吸水率按式(2-7)或式(2-8)计算(精确至0.1%):

$$a_1 = \frac{G_0 - G}{G} \times 100\% \tag{2-7}$$

$$a_2 = \frac{G_0 - G}{G_0} \times 100\% \tag{2-8}$$

式中 a_1——以干砂为基准的饱和面干吸水率(%);

a_2——以饱和面干砂为基准的饱和面干吸水率(%);

G_0——饱和面干砂样质量,g;

G——烘干砂样质量,g。

(4)以两次测值的平均值作为试验结果。如两次表观密度测值相差大于 20 kg/m³,或两次吸水率测值相差大于 0.2%,应重做试验。

任务四 砂料含水率及表面含水率检测

一、检测依据

《水工混凝土砂石骨料试验规程》(DL/T 5151—2014)。

二、目的及适用范围

测定砂料的含水率及表面含水率,供拌和混凝土时修正用水量和用砂量。

三、仪器设备

(1)烘箱或电炉、红外线干燥器等其他干燥设备。

(2)天平:称量 1 000 g,感量不大于 1 g。

(3)金属或搪瓷盘、毛刷等。

四、检测步骤

(1)称取经缩分的砂样 500 g(G_1)两份。

(2)将砂样装入盘中,在(105 ± 5) ℃的烘箱中烘至恒量(也可采用其他干燥设备),冷却后称取砂样的质量(G_2)。

五、结果处理

(1)砂料含水率按式(2-9)或式(2-10)计算(精确至 0.1%):

$$m_1 = \frac{G_1 - G_2}{G_2} \times 100\% \tag{2-9}$$

$$m_2 = \frac{G_1 - G_2}{G_2(1 + a_1)} \times 100\% \tag{2-10}$$

式中 m_1——以干砂为基准的含水率(%);

m_2——以饱和面干砂为基准的含水率(%);

G_1——砂样质量,g;

G_2——干燥砂样质量,g;

a_1——以干砂为基准的饱和面干吸水率,以小数表示,例如吸水率为 1% 时,其值为0.01。

(2)表面含水率按式(2-11)计算(精确至 0.1%):

$$m_s = \frac{G_1 - G_2(1 + a_1)}{G_2(1 + a_1)} \times 100\% \tag{2-11}$$

式中　m_s——表面含水率(%)。

其余符号含义同式(2-7)、式(2-9)。

以两次测值的平均值作为试验结果。如两次测值相差大于0.5%,应重做试验。

任务五　砂堆积密度与空隙率检测

一、检测依据

《水工混凝土砂石骨料试验规程》(DL/T 5151—2014)。

二、目的及适用范围

测定砂料堆积密度和空隙率,评定砂料质量。

三、仪器设备

(1)天平:称量5 kg,感量不大于1 g。

(2)容量筒:容积为1 L的金属圆筒。

(3)烘箱:控制温度为(105±5) ℃。

(4)漏斗:如图2-11所示。

(5)直尺、搪瓷盘、玻璃板等。

四、检测步骤

(1)称取经缩分的砂料约10 kg,在(105±5) ℃的烘箱中烘至恒量,冷却至室温后,分成大致相等的两份备用。试样烘干后如有结块,应在试验前先捏碎。

(2)称出空容量筒质量(G_1)。

(3)将砂样装入漏斗中,打开漏斗活动闸门,使砂样从漏斗口(高于容量筒顶面5 cm)落入容量筒内,直到砂样装满容量筒并超出筒口。用直尺沿筒口中心线向两侧轻轻刮平,然后称其质量(G_2)。

(4)容量筒容积的校正方法为:称取空容量筒和玻璃板的总质量(g_1),将(20±2) ℃的自来水装满容量筒,用玻璃板沿筒口推移使其紧贴水面,盖住量筒口(玻璃板和水面间不得带有气泡),擦干筒外壁的水,然后称其质量(g_2)。

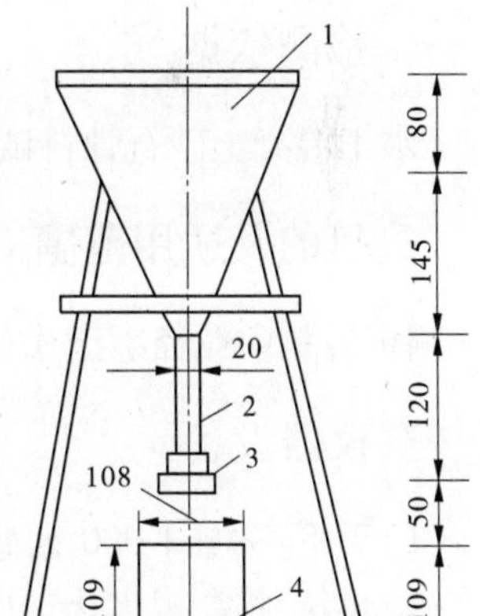

1—漏斗;2—管子;
3—活动闸门;4—容量筒

图2-11　砂堆积密度测定漏斗示意图　(单位:mm)

五、结果处理

(1)堆积密度按式(2-12)计算(精确至10 kg/m³):

$$\rho_0 = \frac{G_2 - G_1}{V} \times 1\,000 \tag{2-12}$$

式中 ρ_0——堆积密度,kg/m^3;

G_1——容量筒质量,kg;

G_2——容量筒及砂样总质量,kg;

V——容量筒的容积,L。

以两次测值的平均值作为试验结果。

容量筒的容积按式(2-13)计算:

$$V = g_2 - g_1 \tag{2-13}$$

式中 V——容量筒的容积,L;

g_1——容量筒及玻璃板总质量,kg;

g_2——容量筒、玻璃板及水总质量,kg。

(2)空隙率按式(2-14)计算(精确至 1%):

$$V_0 = \left(1 - \frac{\rho_0}{\rho}\right) \times 100\% \tag{2-14}$$

式中 V_0——空隙率,即砂样中空隙体积占砂样总体积的百分率(%);

ρ_0——砂样的堆积密度,kg/m^3;

ρ——干砂的表观密度,kg/m^3。

任务六 砂料黏土、淤泥及细屑含量检测

一、检测依据

《水工混凝土砂石骨料试验规程》(DL/T 5151—2014)。

二、目的及适用范围

测定砂料中粒径小于 0.08 mm 的黏土、淤泥及细屑总含量,用以评定砂料质量。

三、仪器设备

(1)天平:称量 1 000 g,感量不大于 1 g。

(2)烘箱:控制温度为(105 ±5) ℃。

(3)方孔筛:应满足《试验筛 技术要求和检验 第 1 部分:金属丝编织网试验筛》(GB/T 6003.1—2012)中方孔试验筛的规定,筛孔基本尺寸分别为 1.25 mm、0.08 mm 的筛各一只。

(4)洗砂筒(深度需大于 250 mm)、搅棒、搪瓷盘等。

四、检测步骤

(1)称取经缩分、烘干的砂样 500 g(G)两份。

(2)将砂样放入洗砂筒中,注入清水,充分搅拌后,浸泡 2 h,然后用手在水中淘洗砂

样,约 1 min 后,把浑水慢慢倒入尺寸为 1.25 mm 及 0.08 mm 的套筛上(1.25 mm 筛放在上面),滤去小于 0.08 mm 的颗粒。在整个试验过程中,应避免砂粒丢失。

(3)在筒中加入清水,重复上述操作,直到筒内的水清澈。

(4)用水冲洗剩留在筛上的颗粒,并将 0.08 mm 筛放在水中来回摇动,以充分洗除粒径小于 0.08 mm 的颗粒。然后将两只筛上剩余的颗粒和筒中的砂样一并倒入搪瓷盘中,在(105 ±5) ℃的烘箱中烘至恒量,冷却至室温后,称出砂样质量(G_1)。

五、结果处理

黏土、淤泥及细屑含量按式(2-15)计算(精确至 0.1%):

$$Q = \frac{G - G_1}{G} \times 100\% \tag{2-15}$$

式中　Q——黏土、淤泥及细屑含量(%);

G——试验前的烘干砂样质量,g;

G_1——试验后的烘干砂样质量,g。

以两次测值的平均值作为试验结果。如两次测值相差大于 0.5%,应重做试验。

任务七　砂料泥块含量检测

一、检测依据

《水工混凝土砂石骨料试验规程》(DL/T 5151—2014)。

二、目的及适用范围

检验砂料中的泥块含量,用以评定砂料质量。

三、仪器设备

(1)天平:称量 1 000 g,感量不大于 1 g。

(2)烘箱:控制温度为(105 ±5) ℃。

(3)方孔筛:应满足《试验筛　技术要求和检验　第 1 部分:金属丝编织网试验筛》(GB/T 6003.1—2012)中方孔试验筛的规定,筛孔基本尺寸分别为 1.25 mm、0.63 mm 的筛各一只。

(4)搪瓷盘、毛刷、铝铲等。

四、检测步骤

(1)称取经缩分、烘干的砂样 500 g(G_0)两份。

(2)将砂样用 1.25 mm 筛筛分,称取粒径在 1.25 mm 以上的砂样质量(G),不得少于 100 g,否则必须增加筛分前的砂样量。

(3)将 1.25 mm 以上的砂样在搪瓷盘中摊成薄层,用手捏碎所有泥块,然后用 0.63 mm 筛过筛,称出剩余砂样的质量(G_1)。

五、结果处理

泥块含量按式(2-16)计算(精确至0.1%):

$$Q_C = \frac{G - G_1}{G_0} \times 100\% \tag{2-16}$$

式中 Q_C——泥块含量(%);

G——粒径在1.25 mm以上的砂样质量,g;

G_1——筛除泥块后的砂样质量,g;

G_0——砂样质量,g。

以两次测值的平均值作为试验结果。

任务八　细骨料检测记录表

砂子检测原始记录表见表2-3。

表2-3　砂子检测原始记录表

检测编号			检测性质		
检测地点			送样日期		
规格型号			检测日期		
仪器型号及环境条件	名称型号		设备状态	温度(℃)	相对湿度(%)
样品状态				检测依据	
干砂表观密度(ρ)　(容量瓶)					
试验次数	烘干砂质量 G_1(g)	烘干砂样、水及容量瓶总质量 G_2(g)	水及容量瓶总质量 G_3(g)	$\rho = G_1/(G_1 + G_3 - G_2) \times 1\,000$(kg/m³)	平均值(kg/m³)
1					
2					
堆积密度(ρ_0)					
试验次数	容量筒质量 G_1(g)	容量筒及砂样总质量 G_2(g)	容量筒容积 V(L)	$\rho_0 = (G_2 - G_1)/V \times 1\,000$(kg/m³)	平均值(kg/m³)
1					
2					
空隙率	$V_0 = (1 - \rho_0/\rho) \times 100\%$				
含泥量(Q)					
试验次数	试验前烘干砂样质量 G(g)	试验后烘干砂样质量 G_1(g)		$Q = (G - G_1)/G \times 100$(%)	平均值(%)
1					
2					
泥块含量(Q_C)					
试验次数	砂样质量 G_0(g)	1.25 mm以上砂样质量 G(g)	筛除泥块后砂样质量 G_1(g)	$Q_C = (G - G_1)/G_0 \times 100$(%)	平均值(%)

续表 2-3

1					
2					

附注：

含水率(m_1)　(以干砂为基准)

试验次数	砂样质量 G_1(g)	烘干砂样质量 G_2(g)	$m_1=(G_1-G_2)/G_2\times100(\%)$	平均值(%)
1				
2				

颗粒级配

编号	筛孔(mm)	5.00	2.50	1.25	0.630	0.315	0.160	<0.160	散失(%)	细度模数(F·M) 单值	细度模数(F·M) 平均值
1	筛余(g)										
	分计(%)										
	累计(%)										
2	筛余(g)										
	分计(%)										
	累计(%)										
粒径>10.0 mm 的颗粒含量(%)											

饱和面干吸水率(a_1)(以干砂为基准)

试验次数	饱和面干砂样质量 G_0(g)	烘干砂样质量 G(g)	$a_1=(G_0-G)/G\times100(\%)$	平均值
1				
2				

人工砂石粉含量(Q_g)

试验次数	烘干砂样质量 G(g)	大于 0.16 mm 的烘干砂样质量 G_A(g)	$Q_g=(G-G_A)/G\times100(\%)$	平均值
1				
2				

附注：

检测人：________　　校核人：________

项目三　粗骨料检测

任务一　石子试样的取样与处理

一、检测依据

《建筑用卵石、碎石》(GB/T 14685—2011)、《水工混凝土砂石骨料试验规程》(DL/T 5151—2014)等。

二、取样方法

(1)在料堆上取样时,取样部位应均匀分布。取样前先将取样部位表层铲除,然后从不同部位随机抽取大致等量的石子 15 份,组成一组样品。

(2)从皮带运输机上取样时,应用与皮带机等宽的接料器从皮带运输机头部出料处,全断面定时抽取大致等量的石子 8 份,组成一组样品。

(3)从火车、汽车、货船上取样时,从不同部位和深度随机抽取大致等量的石子 16 份,组成一组样品。

三、取样数量

单项试验的最少取样数量应符合表 2-4 的规定。做几项试验时,如能确保试样经一项试验后不致影响另一项试验的结果,可用同一试样进行几项不同的试验。

表 2-4　石子单项试验取样数量(GB/T 14685—2011)

序号	试验项目	最大粒径(mm)							
		9.5	16.0	19.0	26.5	31.5	37.5	63.0	75.0
		最少取样数量(kg)							
1	颗粒级配	9.5	16.0	19.0	25.0	31.5	37.5	63.0	80.0
2	含泥量	8.0	8.0	24.0	24.0	40.0	40.0	80.0	80.0
3	泥块含量	8.0	8.0	24.0	24.0	40.0	40.0	80.0	80.0
4	针、片状颗粒含量	1.2	4.0	8.0	12.0	20.0	40.0	40.0	40.0
5	有机物含量	按试验要求的粒级和数量取样							
6	硫化物和硫酸盐含量								
7	坚固性								
8	岩石抗压强度	随机选取完整石块锯切或钻取成试验用样品							
9	压碎指标	按试验要求的粒级和数量取样							
10	表观密度	8.0	8.0	8.0	8.0	12.0	16.0	24.0	24.0
11	堆积密度与空隙率	40.0	40.0	40.0	40.0	80.0	80.0	120.0	120.0
12	碱-骨料反应	20.0	20.0	20.0	20.0	20.0	20.0	20.0	20.0
13	吸水率	2.0	4.0	8.0	12.0	20.0	40.0	40.0	40.0
14	放射性	6.0							
15	含水率	按试验要求的粒级和数量取样							

四、试样处理

将所取样品置于平板上，在自然状态下拌和均匀，并堆成锥体，然后沿互相垂直的两条直径把锥体分成大致相等的四份，取其中对角线的两份重新拌匀，再堆成锥体。重复上述过程，直至把样品缩分至试验所需量。

堆积密度试验所用试样可不经缩分，在拌匀后直接进行试验。

任务二　卵石或碎石颗粒级配检测

一、检测依据

《水工混凝土砂石骨料试验规程》(DL/T 5151—2014)。

二、目的及适用范围

测定卵石或碎石的颗粒级配，供混凝土配合比设计时选择骨料级配。

三、仪器设备

(1)筛：应满足《试验筛　技术要求和检验　第2部分：金属穿孔板试验筛》(GB/T 6003.2—2012)中方孔试验筛的规定，筛孔基本尺寸为150(或120) mm、80 mm、40 mm、20 mm、10 mm、5 mm，含底盘和盖。

(2)天平：称量10 kg，感量不大于5 g。

(3)磅秤：称量50 kg，感量不大于50 g。

(4)铁锹、铁盘或其他容器等。

四、检测步骤

(1)用四分法选取风干或烘干试样，试样质量应不少于表2-5中规定值。

表2-5　颗粒级配试验取样质量表

骨料公称最大粒径(mm)	20	40	80	150(120)
最少取样质量(kg)	10	20	50	200

(2)按筛孔由大到小的顺序过筛，直到每分钟的通过量不超过试样总量的0.1%。但在每号筛上的筛余平均层厚应不大于试样的公称最大粒径值，如超过此值，应将该号筛上的筛余分成两份，再次进行筛分。

(3)称取各筛筛余量(最大粒径大于150 mm的颗粒也应称量，并计算出百分含量)。

五、结果处理

(1)计算分计筛余百分率——各号筛上的筛余量除以试样总量的百分率(精确至0.1%)。

(2)计算累计筛余百分率——该号筛上的分计筛余百分率与大于该号筛的各号筛上的分计筛余百分率的总和。

(3)以两次测值的平均值作为试验结果。筛分后,如每号筛上的筛余量与底盘上的筛余量之和与原试样量相差超过1%,应重做试验。

任务三 卵石或碎石表观密度及吸水率检测

一、检测依据

《水工混凝土砂石骨料试验规程》(DL/T 5151—2014)。

二、目的及适用范围

测定卵石或碎石的表观密度、饱和面干表观密度及吸水率,用以计算混凝土配合比及评定石料质量。

三、仪器设备

(1)天平:称量5 kg,感量不大于1 g,能在水中称量,见图2-12。

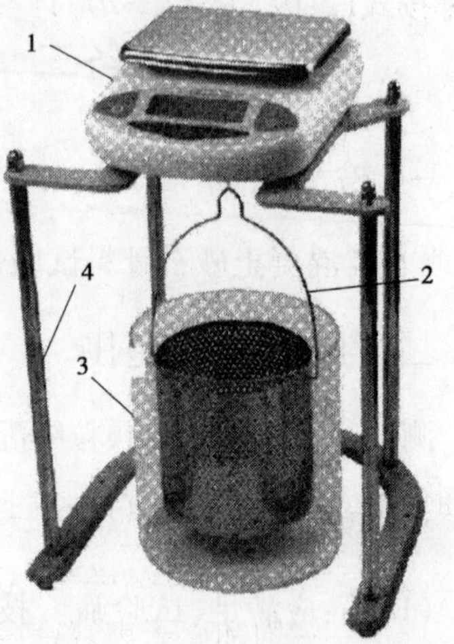

1—5 kg天平;2—网篮;3—盛水筒;4—支架

图2-12 水中称量装置示意图

(2)网篮:网孔径小于5 mm,直径和高均约200 mm。

(3)烘箱:控制温度为(105±5)℃。

(4)盛水筒:直径约400 mm,高约600 mm。

(5)天平:称量10 kg,感量不大于5 g。

(6)搪瓷盘、毛巾、温度计等。

四、检测步骤

(1)用四分法取样,并用自来水将骨料冲洗干净,按表2-6规定称取试样两份。

表2-6 表观密度试验取样质量表

骨料公称最大粒径(mm)	20	40	80	150(120)
最少取样质量(kg)	15	2	4	6

(2)将试样浸入盛水的容器中,水面至少高出试样50 mm,浸泡24 h。

(3)将网篮全部浸入盛水筒中,称出网篮在水中的质量。将浸泡后的试样装入网篮内,放入盛水桶中,用上下升降网篮的方法排除气泡(试样不得露出水面),称出试样和网篮在水中的总质量。两次质量之差即为试样在水中的质量(G_2)。

两次称量时,水的温度相差不得大于2 ℃。

(4)将试样从网篮中取出,用拧干后的湿毛巾将试样擦至饱和面干状态,并立即称取质量(G_3)。

(5)将试样在(105 ±5) ℃的烘箱中烘至恒量,冷却至室温后,称取质量(G_1)。

五、结果处理

表观密度、饱和面干表观密度分别按式(2-17)、式(2-18)计算(精确至10 kg/m³),吸水率按式(2-19)或式(2-20)计算(精确至0.01%):

$$\rho = \frac{G_1\rho_w}{G_1 - G_2} \times 1\ 000 \tag{2-17}$$

$$\rho_1 = \frac{G_3\rho_w}{G_3 - G_2} \times 1\ 000 \tag{2-18}$$

$$a_1 = \frac{G_3 - G_1}{G_1} \times 100\% \tag{2-19}$$

$$a_2 = \frac{G_3 - G_1}{G_3} \times 100\% \tag{2-20}$$

式中　ρ——表观密度,kg/m³;

ρ_w——水的密度,kg/m³;

ρ_1——饱和面干表观密度,kg/m³;

a_1——以干料为基准的吸水率(%);

a_2——以饱和面干状态为基准的吸水率(%);

G_1——烘干试样质量,g;

G_2——试样在水中的质量,g;

G_3——饱和面干试样在空气中的质量,g。

以两次测值的平均值作为试验结果。如两次表观密度测值相差大于20 kg/m³或两次吸水率测值相差大于0.2%,应重做试验。

任务四　卵石或碎石表面含水率检测

一、检测依据

《水工混凝土砂石骨料试验规程》(DL/T 5151—2014)。

二、目的及适用范围

测定卵石或碎石的表面含水率,供拌和混凝土时修正用水量和用石量。本方法适用于含水率超过饱和面干吸水率的石料。

三、仪器设备

(1)天平:称量5 kg,感量不大于1 g。

(2)搪瓷盘、毛巾等。

四、检测步骤

(1)按表2-4中规定的数量,称取潮湿的卵石或碎石试样(G_1)两份,分别放入搪瓷盘中,用拧干的湿毛巾将试样擦成饱和面干状态。

(2)称取饱和面干试样的质量(G_2)。

五、试验结果处理

表面含水率按式(2-21)计算(精确至0.1%):

$$m_s = \frac{G_1 - G_2}{G_2} \times 100\% \tag{2-21}$$

式中 m_s——表面含水率(%);

G_1——湿试样质量,g;

G_2——饱和面干试样质量,g。

以两次测值的平均值作为试验结果。如两次测值相差大于0.5%,应重做试验。

任务五　卵石或碎石堆积密度及空隙率检测

一、检测依据

《水工混凝土砂石骨料试验规程》(DL/T 5151—2014)。

二、目的及适用范围

测定卵石或碎石的堆积密度、紧密堆积密度及空隙率,用以评定卵石或碎石质量、选择骨料级配及设计混凝土配合比等。本方法适用于公称最大粒径150 mm以下的骨料。

三、仪器设备

(1)振动台:频率为(3 000 ± 200) 次/min,振幅为(0.35 ± 0.05) mm,最大荷载250 kg。

(2)磅秤:称量50 kg、感量不大于50 g,或称量200 kg、感量不大于200 g。

(3)容量筒:金属圆筒,具有一定刚度,不变形,规格见表2-7。

(4)拌和铁板、平口铁锹、钢尺等。

表2-7　容量筒规格表

卵石或碎石公称最大粒径(mm)	容量筒容积(L)	容量筒规格(mm)	
		内径	净高
20	5	186	186
40	5	186	186
80	15	267	267
150(120)	80	467	467

四、检测步骤

(一)紧密堆积密度的测定

(1)根据石料公称最大粒径确定相应容积的容量筒,称取其质量(G_1)。取一定数量的天然级配风干试样,或按一定级配比例组合的风干试样,拌和均匀,用平口铁锹将试样从离容量筒上5 cm高度处自由落入容量筒中,装完后稍加平整表面,将容量筒放在振动台上,振动2~3 min;或将容量筒置于坚实的平地上,在筒底垫放一根直径为25 mm的钢筋,将试样分三层在距容量筒上口5 cm高度处装入筒中,每装完一层后,将筒按住,左右交替颠击地面各25次。在振实或颠实完毕后,再加试样直至超出筒口,用钢尺沿筒口边缘刮去高出筒口的颗粒,用适当的颗粒填平凹处,使表面稍凸起部分和凹陷部分的体积大致相等,称取试样和容量筒总质量(G_2)。

(2)将试样倒出拌和均匀,按上述步骤再测一次。

(二)堆积密度的测定

用平口铁锹将拌匀的试样从离容量筒上口5 cm高度处自由落入筒中,直至试样高出筒口,并按紧密堆积密度的方法平整表面,称出质量。然后将试样倒出拌匀,再重复测一次。

(三)校正

按项目二任务五中有关规定,校正容量筒容积(V)。

五、结果处理

(1)紧密堆积密度或堆积密度按式(2-22)计算(精确至10 kg/m^3):

$$\rho_0 = \frac{G_2 - G_1}{V} \times 1\,000 \tag{2-22}$$

式中 ρ_0——紧密堆积密度或堆积密度,kg/m^3;

G_1——容量筒质量,kg;

G_2——容量筒及试样总质量,kg;

V——容量筒的容积,L。

以两次测值的平均值作为试验结果。如两次测值相差超过20 kg/m^3,应重做试验。

(2)空隙率按式(2-23)计算(精确至1%):

$$e_0 = \left(1 - \frac{\rho_0}{\rho}\right) \times 100\% \tag{2-23}$$

式中 e_0——空隙率(%);

ρ_0——试样的紧密堆积密度或堆积密度,kg/m^3;

ρ——试样的表观密度,kg/m^3。

任务六 卵石或碎石含泥量检测

一、检测依据

《水工混凝土砂石骨料试验规程》(DL/T 5151—2014)。

二、目的及适用范围

测定卵石或碎石中粒径小于 0.08 mm 的黏土、淤泥及细屑的总含量,用以评定石料质量。

三、仪器设备

(1)天平:称量 10 kg,感量不大于 5 g,用于称取质量不超过 10 kg 的试样。

(2)磅秤:称量 50 kg,感量不大于 50 g,用于称取质量超过 10 kg 的试样。

(3)烘箱:控制温度为(105 ±5) ℃。

(4)方孔筛:应满足《试验筛 技术要求和检验 第 1 部分:金属丝编织网试验筛》(GB/T 6003.1—2012)中方孔试验筛的规定,筛孔基本尺寸为 0.08 mm、1.25 mm 的筛各一只。

(5)毛刷、铁铲、搪瓷盆等。

四、检测步骤

(1)用四分法取样。在(105 ±5) ℃的烘箱中烘至恒量,冷却至室温后,按表 2-8 规定称取试样(G_0)两份。

表 2-8 含泥量试验取样质量表

骨料公称粒径(mm)	5 ~ 20	20 ~ 40	40 ~ 80	80 ~ 150(120)
最少取样质量(kg)	10	10	20	30

(2)将试样装入搪瓷盆中并注入清水,用手在水中淘洗颗粒,使粒径小于 0.08 mm 的颗粒与较粗颗粒分离,然后将浑水慢慢倒入 1.25 mm 及 0.08 mm 的方孔筛套筛上(1.25 mm 筛放置上面),滤去粒径小于 0.08 mm 的颗粒(试验前筛子的两面先用水湿润)。在整个试验过程中,应避免粒径大于 0.08 mm 的颗粒损失。

(3)加水反复淘洗,直到盆中的水变清。

(4)用水冲洗剩余在筛上的颗粒,并将 0.08 mm 筛放在水中洗除小于 0.08 mm 的颗粒。然后将两只筛上剩余的颗粒和盆中已经洗净的试样一并装入搪瓷盘中,在(105 ±5) ℃的烘箱中烘至恒量,冷却至室温后,称取试样质量(G_1)。

五、试验结果处理

各级试样的含泥量按式(2-24)计算(精确至 0.1%):

$$Q = \frac{G_0 - G_1}{G_0} \times 100\% \tag{2-24}$$

式中 Q——各级试样的含泥量(%);

G_0——试验前烘干的试样质量,g;

G_1——试验后烘干的试样质量,g。

以两次测值的平均值作为试验结果。如两次测值相差大于 0.2%,应重做试验。

任务七　卵石或碎石泥块含量检测

一、检测依据

《水工混凝土砂石骨料试验规程》(DL/T 5151—2014)。

二、目的及适用范围

测定卵石或碎石中的泥块含量,用以评定石料质量。

三、仪器设备

(1)天平:称量10 kg,感量不大于5 g,用于称取不超过10 kg的试样。
(2)磅秤:称量50 kg,感量不大于50 g,用于称取超过10 kg的试样。
(3)筛:2.5 mm、5 mm方孔筛各一只。
(4)容器:要求淘洗试样时,保证试样不溅出。
(5)搪瓷盘、铁板等。

四、检测步骤

(1)将试样缩分至略大于表2-9规定的数量,放在烘箱中于(105±5)℃烘至恒量,待冷却至室温后,筛除小于5 mm的颗粒,分为大致相等的两份备用。

(2)按表2-9规定的数量称取试样一份(G)。将试样倒入淘洗容器中,注入清水,使水面高于试样上表面,充分搅拌均匀后,浸泡24 h。然后用手在水中碾碎泥块,再把试样放在2.5 mm筛上,用水淘洗,直到容器内的水目测清澈。

表2-9　泥块含量试验取样质量表

骨料公称粒径(mm)	5~20	20~40	40~80	80~150(120)
最少取样质量(kg)	5	10	20	40

(3)从筛中取出保留下来的试样,装入搪瓷盘后,在(105±5)℃烘箱中烘至恒量,冷却至室温后,称取其质量(G_1)。

五、结果处理

各级试样泥块含量按式(2-25)计算(精确至0.1%):

$$Q_C = \frac{G - G_1}{G} \times 100\% \tag{2-25}$$

式中　Q_C——各级试样中泥块含量(%);

G——5 mm筛筛余试样质量,g;

G_1——剔除泥块后的烘干试样质量,g。

以两次测值的平均值作为试验结果。

任务八　卵石或碎石超、逊径颗粒含量检测

一、检测依据

《水工混凝土砂石骨料试验规程》(DL/T 5151—2014)。

二、目的及适用范围

测定指定粒径的卵石或碎石中超、逊径颗粒的含量,用以评定骨料筛分质量,在施工中调整骨料级配。

三、仪器设备

(1)磅秤:称量100 kg,感量不大于100 g。

(2)超、逊径筛:方孔筛,筛孔尺寸见表2-10。

表2-10　超、逊径试验筛筛孔尺寸表　　(单位:mm)

骨料公称粒径	5~20		20~40		40~80		80~150(120)	
	下限	上限	下限	上限	下限	上限	下限	上限
原筛孔尺寸	5	20	20	40	40	80	80	150(120)
超、逊径筛筛孔尺寸	4	23	17	47	33	93	67	175(140)

四、检测步骤

(1)试样的准备。

①当在筛分楼取样时,应在皮带运输机机头接取骨料;当在料堆中取样时,应分上、中、下三层取样。

②将试样拌和均匀,用四分法按表2-11规定称取各级试样质量(G_0)。

表2-11　超、逊径试验取样质量表

骨料公称粒径(mm)	5~20	20~40	40~80	80~150(120)
最少取样质量(kg)	20	30	40	50

(2)将各级试样用相应的超、逊径筛进行筛分,并称取超径颗粒和逊径颗粒的质量(G_i)。

五、结果处理

各级试样的超径或逊径颗粒含量按式(2-26)计算(精确至1%):

$$Q_e = \frac{G_i}{G_0} \times 100\% \tag{2-26}$$

式中　Q_e——试样的超径或逊径颗粒含量(%);

G_0——各级试样质量,kg;

G_i——各级试样中超径颗粒或逊径颗粒质量,kg。

任务九　粗骨料检测原始记录表

粗骨料检测原始记录表见表2-12。

表2-12　碎石(卵石)检测原始记录表

检测编号		检测性质	
检测地点		送样日期	
规格型号		检测日期	

仪器型号及环境条件	名称型号	设备状态	温度(℃)	相对湿度(%)

样品状态		检测依据	

堆积密度 ρ_0	筒+试样质量 G_2(kg)	筒质量 G_1(kg)	筒容积 V(L)	$\rho_0=(G_2-G_1)/V\times1\ 000$(kg/m^3)	平均值(kg/m^3)

表观密度 ρ	水温(℃)	烘干试样质量 G_1(g)	盛水筒+水+网篮质量 G_2(g)	盛水筒+水+试样+网篮质量 G_0(g)	$\rho=G_1/(G_1-G_0+G_2)\times1\ 000$(kg/m^3)	平均值(kg/m^3)

空隙率	$V_0=(1-\rho_0/\rho)\times100\%$

含泥量 Q	试验前烘干的试样质量 G(g)	试验后烘干的试样质量 G_1(g)	$Q=(G-G_1)/G\times100$(%)	平均值(%)

坚固性	粒级(mm)	试样质量 g_i(g)	试验后筛余量 g_i'(g)	P_i(%)	α_i(%)	P(%)

筛分析								
1	筛孔尺寸(mm)							散失(%)
	筛余质量(g)							
	分计筛余(%)							
	累计筛余(%)							
	筛分试样质量(kg)			最大粒径(mm)				
2	筛余质量(g)							
	分计筛余(%)							
	累计筛余(%)							
	筛分试样质量(kg)			最大粒径(mm)				

附注：

续表 2-12

<table>
<tr><td rowspan="3">表面含水率（含水率）m_s</td><td colspan="2">湿试样质量 G_1(g)</td><td>饱和面干试样质量 G_2(g)</td><td>$m_s=(G_1-G_2)/G_2\times100\%$</td><td>平均值</td></tr>
<tr><td colspan="2"></td><td></td><td></td><td rowspan="2"></td></tr>
<tr><td colspan="2"></td><td></td><td></td></tr>
<tr><td rowspan="3">饱和面干吸水率 a</td><td colspan="2">饱和面干试样质量 G_3(g)</td><td>烘干试样质量 G_1(g)</td><td>$a=(G_3-G_1)/G_1\times100\%$</td><td>平均值</td></tr>
<tr><td colspan="2"></td><td></td><td></td><td rowspan="2"></td></tr>
<tr><td colspan="2"></td><td></td><td></td></tr>
<tr><td rowspan="3">针、片状颗粒总含量 q_n</td><td colspan="2">试样质量 G_0(g)</td><td>针片状颗粒质量 G_1(g)</td><td>$q_n=G_1/G_0\times100\%$</td><td>平均值</td></tr>
<tr><td colspan="2"></td><td></td><td></td><td rowspan="2"></td></tr>
<tr><td colspan="2"></td><td></td><td></td></tr>
<tr><td rowspan="2">软弱颗粒含量 Q_s</td><td colspan="2">试样质量 G_1(g)</td><td>坚硬颗粒质量 G_2(g)</td><td colspan="2">$Q_s=(G_1-G_2)/G_1\times100\%$</td></tr>
<tr><td colspan="2"></td><td></td><td colspan="2"></td></tr>
<tr><td rowspan="4">超（逊）径颗粒含量 Q_e</td><td colspan="2">试样质量 G_0(g)</td><td>试样中超径颗粒质量 G_i(g)</td><td colspan="2">$Q_e=G_i/G_0\times100\%$</td></tr>
<tr><td colspan="2" rowspan="3"></td><td></td><td colspan="2"></td></tr>
<tr><td>试样中逊径颗粒质量 G_i'(g)</td><td colspan="2">$Q_e=G_i'/G_0\times100\%$</td></tr>
<tr><td></td><td colspan="2"></td></tr>
<tr><td rowspan="3">硫酸盐及硫化物含量 Q_s</td><td>试样质量 G_0(g)</td><td>坩埚质量 G_1(g)</td><td>灼烧后沉淀物+坩埚质量 G(g)</td><td>$Q_s=(G-G_1)\times0.343/G_0\times100\%$</td><td>平均值</td></tr>
<tr><td></td><td></td><td></td><td></td><td rowspan="2"></td></tr>
<tr><td></td><td></td><td></td><td></td></tr>
<tr><td rowspan="4">压碎指标 C</td><td colspan="2">试样质量 G_0(g)</td><td>压碎后筛余质量 G_1(g)</td><td>$C=(G_0-G_1)/G_0\times100\%$</td><td>平均值</td></tr>
<tr><td colspan="2"></td><td></td><td></td><td rowspan="3"></td></tr>
<tr><td colspan="2"></td><td></td><td></td></tr>
<tr><td colspan="2"></td><td></td><td></td></tr>
<tr><td rowspan="3">泥块含量 Q_C</td><td colspan="2">试样质量 G(g)</td><td>剔除泥块后烘干试样质量 G_1(g)</td><td>$Q_C=(G-G_1)/G\times100\%$</td><td>平均值</td></tr>
<tr><td colspan="2"></td><td></td><td></td><td rowspan="2"></td></tr>
<tr><td colspan="2"></td><td></td><td></td></tr>
</table>

附注：

检测人：__________　　校核人：__________

项目四　水工混凝土检测

任务一　水工混凝土拌和物的拌和与现场取样

一、检测依据

《水工混凝土试验规程》(SL 352—2006)。

二、仪器设备

(1)搅拌机。容量 50～100 L,转速为 18～22 r/min。

(2)拌和钢板(盘)。平面尺寸不小于 1.5 m×2.0 m,厚 5 mm 左右。

(3)称量设备。磅秤:称量 50～100 kg,感量 50 g;台称:称量 10 kg,感量 5 g;天平:称量 1 000 g,感量 0.5 g。

(4)其他。拌和铲、盛器、抹布等。

三、拌和方法

按所选混凝土配合比备料。拌和时实验室温度应保持在(20±5)℃,所用材料的温度与实验室温度保持一致。

(一)人工拌和

(1)干拌。拌和前应将拌和板及拌和铲清洗干净,并保持表面润湿。将砂平摊在拌和板上,再倒入水泥,用铲自拌和板一端翻拌至另一端,重复几次直至拌匀;加入石子,再翻拌至少 3 次至均匀。

(2)湿拌。将混合均匀的干料堆成锥形,将中间扒成凹坑,倒入已称量好的水(外加剂一般先溶于水),小心拌和,至少翻拌 6 次,每翻拌一次后,用铁铲将全部拌和物铲切一次,直至拌和均匀。

(3)拌和时间控制。拌和从加水完毕时算起,应在 10 min 内完成。

(二)机械拌和

(1)预拌。拌和前应将搅拌机冲洗干净,并预拌少量同种混凝土拌和物或水胶比相同的砂浆,使搅拌机内壁挂浆后将剩余料卸出。

(2)拌和。将称好的石料、胶凝材料、砂料、水(外加剂一般先溶于水)依次加入搅拌机,开动搅拌机搅拌 2～3 min。

(3)将拌好的混凝土拌和物卸在拌和板上,刮出黏结在搅拌机上的拌和物,用人工翻拌 2 ～ 3 次,使之均匀。

(4)材料用量以质量计。称量精度:水泥、掺合料、水和外加剂为 ±0.3%;骨料为 ±0.5%。

四、现场取样

(1)同一组混凝土拌和物的取样应从同一盘混凝土或同一车混凝土中取样,取样量应多于试验所需量的1.5倍,且宜不少于20 L。

(2)混凝土拌和物的取样应具有代表性,宜采用多次采样的方法。一般在同一盘混凝土或同一车混凝土中的约1/4处、1/2处和3/4处之间分别取样,从第一次取样到最后一次取样不宜超过15 min,然后人工搅拌均匀。

(3)从取样完毕到开始做各项性能试验不宜超过5 min。

任务二 混凝土拌和物工作性(和易性)检测

一、检测依据

《水工混凝土试验规程》(SL 352—2006)。

二、检测目的

测定混凝土拌和物的和易性,为混凝土配合比设计、混凝土拌和物质量评定提供依据。

三、主要仪器设备

(一)坍落度法

(1)坍落度筒。为底部内径(200 ±2) mm,顶部内径(100 ±2) mm,高度(300 ±2) mm的截圆锥形金属筒,内壁必须光滑,见图2-13。

(2)其他。捣棒:直径16 mm、长650 mm的钢棒,端部应磨圆;40 mm孔径筛、直尺、小铲、泥抹及漏斗。

(二)维勃稠度法(VB法)

(1)VB稠度仪。由振动台、容器、坍落度筒、旋转架四部分组成,见图2-14。

(2)其他。同坍落度法。

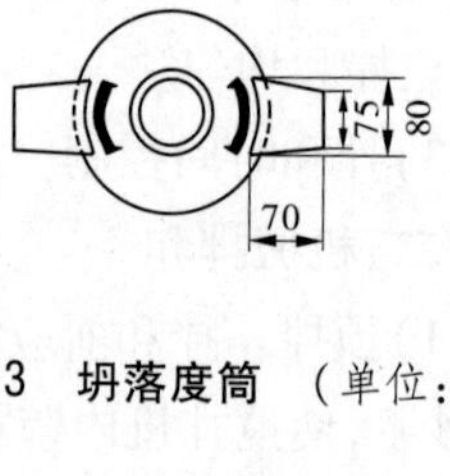

图2-13 坍落度筒 (单位:mm)

四、检测步骤

(一)坍落度法

该法适用于骨料最大粒径不大于40 mm、坍落度值不小于10 mm(10~230 mm)的混凝土。若骨料粒径超过40 mm,应采用湿筛法剔除。

(1)润湿坍落度筒及底板,在坍落度筒内壁和底板上应无明水。底板应放置在坚实水平面上,并把筒放在底板中心,然后用脚踩住两边的脚踏板,使坍落度筒在装料时保持

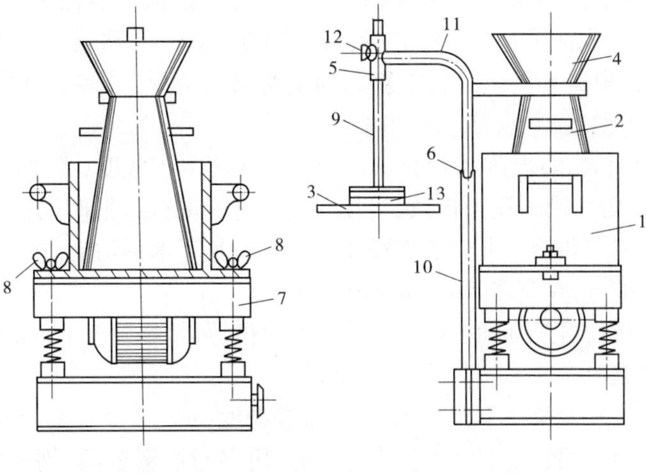

1—容量筒;2—坍落度筒;3—圆盘;4—漏斗;5—套筒;
6—定位螺丝;7—振动台;8—元宝螺丝;9—滑杆;
10—支柱;11—旋转架;12—螺栓;13—荷重块

图2-14 混凝土拌和物维勃稠度测定仪

位置固定。

(2)把按要求取样或制作的混凝土拌和物用小铲分三层装入筒内,每层体积大致相等。底层厚约70 mm,中层厚约90 mm。每装一层,用捣棒插捣25次,插捣应沿螺旋方向由外向中心进行,各次插捣应在截面上均匀分布。插捣筒边混凝土时,捣棒可以稍稍倾斜;插捣底层时,捣棒应贯穿整个深度;插捣第二层和顶层时,捣棒应分别插进其下层10 ~ 20 mm;浇灌顶层时,混凝土应灌到高出筒口。插捣过程中,如混凝土沉落到低于筒口,则应随时添加。顶层插捣完毕后,刮去多余的混凝土,并用抹刀抹平。

(3)清除筒边及底板上的混凝土后,垂直平稳地提起坍落度筒。坍落度筒的提离过程应在5 ~ 10 s内完成;从开始装料到提起坍落度筒的整个过程应不间断地进行,并应在2 ~ 3 min内完成。

(4)提起坍落度筒后,测量筒高与坍落后混凝土试体顶部中心点之间的高度差,即为该混凝土拌和物的坍落度值。坍落度筒提离后,如混凝土发生崩坍或一边剪坏现象,则应重新取样另行测定;如第二次试验仍出现上述现象,则表示该混凝土和易性不好,应予记录备查。

(5)观察黏聚性及保水性。用捣棒在已坍落的混凝土锥体侧面轻轻敲打,如果锥体逐渐下沉,则表示黏聚性良好;如果锥体倒塌、部分崩裂或出现离析现象,则表示黏聚性不好。保水性以混凝土拌和物稀浆析出的程度来评定,坍落度筒提起后如有较多的稀浆从底部析出,锥体部分的混凝土也因失浆而骨料外露,则表明此混凝土拌和物的保水性不好;如坍落度筒提起后无稀浆或仅有少量稀浆自底部析出,则表示此混凝土拌和物的保水性良好。此外,还要评价插捣时的难易程度(分上、中、下三级,上:表示容易插捣;中:表示插捣时稍有阻滞感觉;下:表示很难插捣),含砂情况(根据镘刀抹平程度分多、中、少三级,多:用镘刀抹混凝土拌和物表面时,抹1~2次就可使混凝土表面平整、无蜂窝;中:抹4~5次就可使混凝土表面平整、无蜂窝;少:抹面困难,抹8~9次后混凝土表面仍不能消除蜂窝),析水情况(根据水分从混凝土拌和物中析出的情况,分多量、少量、无三级),综合判定黏聚性和保水性。

(6)当混凝土拌和物的坍落度大于150 mm时,应测定扩散度。将坍落度筒徐徐竖直提起后,拌和物在重力作用下逐渐扩散,当拌和物不再扩散或扩散时间已达到60 s时,用钢尺在不同方向量测拌和物扩散后的直径2~4个,用其算术平均值作为其扩散度。整个扩散度试验应连续进行,并应在4~5 min内完成。

(7) 混凝土拌和物坍落度和扩散度以mm为单位,测量精确至1 mm。

(二)维勃稠度法

该法适用于骨料最大粒径不大于40 mm,维勃稠度在5 ~ 30 s的混凝土拌和物。

(1)将维勃稠度仪放置在坚实水平的地面上,用湿布润湿容器、坍落度筒、喂料斗内壁及其他用具。

(2)将喂料斗提到坍落度筒上方扣紧,校正容器位置,使其中心与喂料斗中心重合,然后拧紧固定螺丝。

(3)把按要求取样或制作的混凝土拌和物用小铲分三层经喂料斗装入坍落度筒内,装料及插捣的方法同坍落度法。

(4)把喂料斗转离,垂直地提起坍落度筒,此时应注意不使混凝土试体产生横向的扭动。

(5)把透明圆盘转到混凝土圆台体顶面,放松测杆螺丝,降下圆盘,使其轻轻地接触到混凝土顶面。

(6)拧紧定位螺丝,并检查测杆螺丝是否已完全放松。

(7)在开启振动台的同时用秒表计时,当振动到透明圆盘的底面被水泥浆布满的瞬间停止计时,并关闭振动台。由秒表读出的时间(s)即为该混凝土拌和物的维勃稠度值,精确至0.5 s。

任务三 混凝土拌和物表观密度检测

一、检测依据

《水工混凝土试验规程》(SL 352—2006)。

二、检测目的

测定混凝土拌和物的表观密度,计算1 m^3混凝土的实际材料用量,为配合比计算提供依据。

三、主要仪器设备

(1)容量筒:金属制圆筒,筒壁应有足够刚度使之不易变形,规格如表2-13所示。

(2)电子秤:称量50~250 kg,感量50~100 g。

(3)捣棒、小铲、金属直尺、振动台等。

表 2-13 容量筒选择

骨料最大粒径(mm)	容量筒容积(L)	容量筒内部尺寸(mm)	
		直径	高度
40	5	186 ±2	186 ±2
80	15	267	267
150(120)	80	467	467

四、检测步骤

(1)测定容量筒容积时,将干净的容量筒与玻璃板一起称质量,再将容量筒装满水,仔细用玻璃板从筒口的一边推到另一边,使筒内满水及玻璃板下无气泡,擦干筒、盖的外表面,再次称其质量。两次质量之差即为水的质量,除以该温度下水的密度,即得容量筒的容积 V。

(2)按前面所述混凝土拌和方法拌和混凝土。

(3)用湿布把容量筒内外擦干净,称出容量筒质量 m_1。

(4)将混凝土拌和物装入容量筒内,在振动台上振至表面泛浆。若用人工插捣,则将混凝土拌和物分层装入筒内,每层厚度不超过 150 mm,用捣棒从边缘至中心螺旋形插捣,每层插捣次数按容量筒容积分为:5 L、15 次,15 L、35 次,80 L、72 次。底层插捣至底面,以上各层插至其下层 10 ~20 mm 处。

(5)沿容量筒口刮除多余的拌和物,抹平表面,将容量筒外部擦净,称出混凝土试样与容量筒的总质量 m_2。

五、结果计算与评定

混凝土拌和物表观密度按式(2-27)计算,精确至 10 kg/m³。

$$\rho_h = \frac{m_2 - m_1}{V} \times 1\,000 \tag{2-27}$$

式中 ρ_h——表观密度,kg/m³;

m_1——容量筒质量,kg;

m_2——容量筒与试样总质量,kg;

V——容量筒容积,L。

任务四 混凝土立方体抗压强度检测

一、检测依据

《水工混凝土试验规程》(SL 352—2006)。

二、检测目的

测定混凝土立方体抗压强度,评定混凝土的质量。

三、主要仪器设备

(1)压力试验机。精度不低于±2%,其量程应能使试件的预期破坏荷载值不小于全量程的20%,也不大于全量程的80%。试验机应定期校正,示值误差不应大于标准值的±1%。

(2)试模。由铸铁和钢制成,应具有足够的刚度并便于拆装。试模尺寸应根据骨料最大粒径确定:当骨料最大粒径在30 mm以下时,试模边长为100 mm;当骨料最大粒径在40 mm以下时,试模边长为150 mm;当骨料最大粒径在80 mm以下时,试模边长为300 mm。

(3)捣实设备。可选用下列两种之一:①振动台:频率为(50±3) Hz,空载时振幅约为0.5 mm;②捣棒:直径16 mm,长650 mm,一端为弹头形。

(4)养护室。标准养护室温度应为(20±3) ℃,相对湿度在95%以上。

四、检测步骤

(一)试件制作

(1)混凝土抗压强度试验以三个试件为一组,每一组试件所用的混凝土拌和物应从同一盘或同一车运输的混凝土中取出,或在实验室拌制。

(2)制作试件前,应先检查试模,拧紧螺栓并清刷干净,在试模的内表面涂一薄层矿物油脂或其他不与混凝土发生反应的脱模剂。

(3)取样或实验室拌制的混凝土应在拌制后尽量短的时间内成型,一般不宜超过15 min。成型前,应将混凝土拌和物至少用铁锹再来回翻拌3次。如混凝土拌和物骨料最大粒径超过试模最小边长的1/3,大骨料用湿筛法筛除。

(4)试件成型方法应根据混凝土拌和物的稠度和施工方法而定。坍落度不大于90 mm的混凝土宜用振动台振实;大于90 mm的宜用捣棒人工捣实。

当采用振动台振实成型时,应将混凝土拌和物一次装入试模,装料时应用抹刀沿各试模壁插捣,并使混凝土拌和物高出试模口,然后将试模放在振动台上。开动振动台,振动至表面出浆,不得过振。

当采用人工捣实成型时,应将混凝土拌和物分层装入试模,每层装料厚度不应大于100 mm。插捣应按螺旋方向从边缘向中心均匀进行,若插捣底层,捣棒应达到试模底部;若插捣上层,捣棒应贯穿上层后插入下层20 ~ 30 mm,插捣时捣棒应保持垂直,同时,还应用抹刀沿试模内壁插拔数次。每层插捣次数一般按每100 cm^2不少于12次。在插捣后用橡皮锤轻轻敲击试模四周,直至拌和物表面插捣孔消失。

(二)试件养护

(1)试件成型后,在混凝土初凝前1 ~2 h,需进行抹面,要求沿模口抹平。用湿布或塑料薄膜覆盖。

(2)采用标准养护的试件,应在温度为(20±5) ℃环境中静置一昼夜至二昼夜,然后编号、拆模。拆模后的试件应立即放在温度为(20 ±5) ℃,相对湿度为95%以上的标准养护室内养护,或在温度为(20 ±3) ℃的、不流动的 $Ca(OH)_2$ 饱和溶液中养护。标准养护室内的试件应放在支架上,彼此间隔为10 ~ 20 mm,并应避免用水直接冲淋试件。

(3)同条件养护试件的拆模时间可与实际构件的拆模时间相同,拆模后,试件仍需保持同条件养护。

(三)试件破型

(1)到达试验龄期时,将试件从养护地点取出,并及时进行试验。试验前需用湿布覆盖试件,防止试件干燥。

(2)试验前将试件擦拭干净,测量尺寸,并检查其外观,当试件有严重缺陷时,应废弃。试件尺寸测量准确至1 mm,并据此计算试件的承压面积。如实测尺寸与公称尺寸之差不超过1 mm,可按公称尺寸进行计算。

(3)将试件安放在压力机的下压板或垫块上,试件的承压面应与成型时的顶面垂直,试件的中心应与试验机下压板中心对准。开动试验机,当上压板与试件或钢垫板即将接触时如有明显偏斜,应调整球座,使试件均匀受压。

(4)以0.3 ~ 0.5 MPa/s的速度连续而均匀地加荷。当试件接近破坏开始急剧变形时,应停止调整试验机油门,直至试件破坏,然后记录破坏荷载。

五、结果计算与评定

(1)混凝土立方体抗压强度按式(2-28)计算,精确至0.1 MPa。

$$f_{cu} = \frac{P}{A} \tag{2-28}$$

式中 f_{cu}——混凝土立方体试件抗压强度,MPa;

P——试件破坏荷载,N;

A——试件承压面积,mm^2。

(2)以3个试件测值的算术平均值作为该组试件的抗压强度值。单个测值与平均值允许差值为±15%,超过时应将该测值剔除,取余下两个试件值的平均值作为该组试件的抗压强度值。如一组中可用的测值少于2个,该组试验应重做。

(3)取150 mm×150 mm×150 mm试件的抗压强度为标准值。用其他尺寸试件测得的强度值均应乘以换算系数,其值为:对边长为300 mm、450 mm的试件为1.15、1.36;对边长为100 mm的试件为0.95。

任务五　混凝土检测记录表

水工混凝土配合比试配与调整原始记录表见表2-14,混凝土立方体抗压强度检测原始记录表见表2-15。

表2-14 水工混凝土配合比试配与调整原始记录表

设计强度		要求坍落度(mm)		检测编号	
检测依据		检测地点		环境条件	温度( )℃,相对湿度( )%
成型方法		成型日期		试配容量	
样品初检					
设备名称		设备型号		设备状态	

原材料情况	
水泥	品种及强度等级： 生产厂家：
砂骨料	细度模数： 含泥量(%)： 产地：
石骨料	类别：碎石( ) 卵石( ) 粒径(mm)：
	级配：一级配( ) 二级配( ) 连续级配( )
	含泥量(%)： 产地：
水	品种：饮用水( ) 其他( ) 产地：
掺合料	名称： 规格等级： 产地：
外加剂	名称： 生产厂家：

配合比计算式

配合比设计相关参数：

理论配合比

材料名称	水泥	掺合料	砂	石子	水	外加剂
每立方米用量(kg/m^3)						
质量配合比						
试验配料(kg)						

坍落度(mm)： 含气量： 黏聚性： 流动性： 泌水离析：

调整情况如下：

检测编号							
基准配合比	材料名称	水泥	砂	石子	水	掺合料	外加剂
	每立方米用量(kg/m^3)						
	质量配合比						
	试验配料(kg)						
	坍落度(mm)： 含气量： 黏聚性： 流动性： 泌水离析：						

续表 2-14

调整配合比（一）（+0.05）	材料名称	水泥	砂	石子	水	掺合料	外加剂
	每立方米用量（kg/m³）						
	质量配合比						
	试验配料（kg）						
	坍落度（mm）： 含气量： 黏聚性： 流动性： 泌水离析：						
调整配合比（二）（-0.05）	材料名称	水泥	砂	石子	水	掺合料	外加剂
	每立方米用量（kg/m³）						
	质量配合比						
	试验配料（kg）						
	坍落度（mm）： 含气量： 黏聚性： 流动性： 泌水离析：						

项目	试块编号	试件规格	受压面积（mm^2）	养护方法	试压日期	龄期（d）	破坏荷载（kN）	抗压强度（MPa）	平均抗压强度（MPa）	折合标准件（MPa）
基准配合比抗压强度				标准养护		7				
						28				
调整配合比抗压强度（+0.05）				标准养护		7				
						28				
调整配合比抗压强度（-0.05）				标准养护		7				
						28				
附注										

检测人：________ 校核人：________

表2-15 混凝土立方体抗压强度检测原始记录表

检测编号		检测性质	
送样日期		检测日期	
仪器设备		设备状态	
养护方法		样品状态	
环境条件		检测依据	

试件编号	试件规格(长×宽×高)(mm)	制作日期	代表部位	龄期(d)	破坏荷载 P(kN)	抗压强度(MPa) $f_{cc}=P/A$	强度取值(MPa)	标准试件值(MPa)

检测人:________ 校核人:________

项目五　砌筑砂浆检测

任务一　砂浆试样的制备与现场取样

一、检测依据

《建筑砂浆基本性能试验方法标准》(JGJ/T 70—2009)。

二、取样方法

(1)建筑砂浆试验用料应根据不同要求,从同一盘砂浆或同一车砂浆中取样。取样量应不少于试验所需量的4倍。

(2)当在施工过程中取样进行砂浆试验时,取样方法按相应的施工验收规范执行,并宜在现场搅拌点或预拌砂浆卸料点的至少3个不同部位及时取样。对于现场取得的试样,试验前应人工搅拌均匀。

(3)从取样完毕到开始进行各项性能试验,不宜超过15 min。

三、试样制备

(一)人工拌和

(1)将拌和用具清洗干净并保持润湿。

(2)将称量好的砂倒在铁板上,然后加入水泥,用铁铲拌和至混合物颜色均匀。

(3)将混合物推成堆,在堆中间挖一凹坑,将称好的水的一半倒入凹坑中进行拌和,然后用量筒逐次加水并拌和直至基本均匀即可。拌和用水不得流失,拌和时间自加水时起5 min内完成。

(二)机械拌和

(1)将搅拌机内清洗干净并保持润湿。先拌制少量与试验砂浆同配比的砂浆,使搅拌机内壁挂浆,后将剩余料卸出。

(2)将称量好的砂子、水泥倒入搅拌机内。

(3)开动搅拌机,将水徐徐加入,搅拌2~3 min。当采用机械拌和时,搅拌的用量宜为搅拌机容量的30%~70%,搅拌时间不应少于120 s。掺有掺合料和外加剂的砂浆,其搅拌时间不应少于180 s。

(三)注意事项

(1)当在实验室制备砂浆拌和物时,所用材料应提前24 h运入室内。拌和时实验室的温度应保持在(20±5)℃。

(2)当需要模拟施工条件下所用的砂浆时,所用原材料的温度宜与施工现场保持一致。

(3)试验所用原材料应与现场使用材料一致。砂应通过公称粒径为5 mm的筛。

(4)当在实验室拌制砂浆时,材料用量应以质量计。称量精度:水泥、外加剂、掺合料等为±0.5%,砂为±1%。

任务二　砂浆稠度检测

一、检测依据

《建筑砂浆基本性能试验方法标准》（JGJ/T 70—2009）。

二、检测目的

检验砂浆配合比，评定和易性；在施工过程中控制砂浆的稠度，以达到控制用水量的目的。

三、仪器设备

（1）砂浆稠度测定仪：由试锥、容器和支座三部分组成，如图2-15所示。试锥高度为145 mm、锥底直径为75 mm，试锥连同滑杆的质量为300 g；盛砂浆容器由钢板制成，筒高为180 mm，锥筒上口内径为150 mm；支座分底座、支架及刻度盘三个部分，由铸铁、钢及其他金属制成。

（2）捣棒：直径10 mm、长350 mm，端部磨圆。

（3）秒表等。

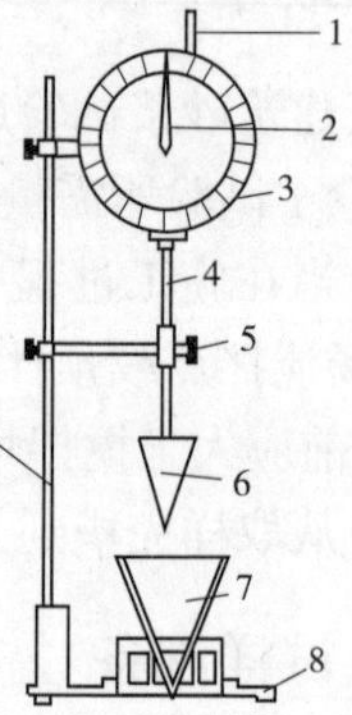

1—齿条测杆；2—指针；3—刻度盘；4—滑杆；5—制动螺丝；6—试锥；7—盛浆容器；8—底座；9—支架

图2-15　砂浆稠度测定仪

四、检测步骤

（1）用少量润滑油轻擦滑杆，将滑杆上多余的油用吸油纸擦净，使滑杆能自由滑动。

（2）用湿布擦净盛浆容器和试锥表面，将砂浆拌和物一次装入容器，使砂浆表面约低于容器口10 mm。用捣棒自容器中心向边缘均匀地插捣25次，然后轻轻地将容器摇动或敲击5～6下，使砂浆表面平整，最后将容器置于稠度测定仪的底座上。

（3）拧开制动螺丝，向下移动滑杆，当试锥尖端与砂浆表面刚接触时，拧紧制动螺丝，使齿条测杆下端刚接触滑杆上端，并将指针对准零点。

（4）拧开制动螺丝，同时计时，10 s时立即拧紧螺丝，将齿条测杆下端接触滑杆上端，从刻度盘上读出下沉深度（精确至1 mm），即为砂浆的稠度值。

（5）盛浆容器内的砂浆，只允许测定一次稠度，重复测定时，应重新取样测定。

五、检测结果计算与评定

（1）取两次试验结果的算术平均值作为试验结果，精确至1 mm。

（2）如两次试验值之差大于20 mm，应重新取样测定。

任务三　砂浆保水性检测

一、检测依据

《建筑砂浆基本性能试验方法标准》（JGJ/T 70—2009）。

二、检测目的

测定砂浆保水性，以判定砂浆拌和物在运输及停放时内部组分的稳定性，作为衡量水泥砂浆和易性的指标之一。

三、仪器设备

(1)金属或硬塑料圆环试模，内径 100 mm、内部高度 25 mm。
(2)可密封的取样容器，应清洁、干燥。
(3)2 kg 的重物。
(4)医用棉纱，尺寸为 110 mm × 110 mm，宜选用纱线稀疏、厚度较薄的棉纱。
(5)超白滤纸，符合《化学分析滤纸》(GB/T 1914—2007)中速定性滤纸要求。
(6)2 片金属或玻璃的方形或圆形不透水片，边长或直径大于 110 mm。
(7)天平：量程 200 g，感量 0.1 g；量程 2 000 g，感量 1 g。
(8)烘箱。

四、检测步骤

(1)称量不透水片与干燥试模质量 m_1 和 8 片中速定性滤纸质量 m_2。
(2)将砂浆拌和物一次性填入试模，并用抹刀插捣数次，当填充砂浆略高于试模边缘时，用抹刀以 45°角一次性将试模表面多余的砂浆刮去，然后再用抹刀以较平的角度在试模表面反方向将砂浆刮平。
(3)抹掉试模边的砂浆，称量试模、不透水片与砂浆总质量 m_3。
(4)用 2 片医用棉纱覆盖在砂浆表面，再在棉纱表面放上 8 片滤纸，用不透水片盖在滤纸表面，以 2 kg 的重物把不透水片压着。
(5)静止 2 min 后移走重物及不透水片，取出滤纸(不包括棉纱)，迅速称量滤纸质量 m_4。
(6)用砂浆的配比及加水量计算砂浆的含水率。当无法计算时，可按下面的规定测定砂浆的含水率。

测定砂浆含水率时，应称取(100 ± 10) g 砂浆拌和物试样，置于一干燥并已称重的盘中，在(105 ± 5) ℃的干燥箱中烘干至恒重，砂浆含水率应按式(2-29)计算，并精确至 0.1%。

$$\alpha = \frac{m_6 - m_5}{m_6} \times 100\% \tag{2-29}$$

式中 α——砂浆含水率(%)；
m_5——烘干后砂浆样本的质量，g；
m_6——砂浆样本的总质量，g。

取两次试验结果的算术平均值作为砂浆的含水率，精确至 0.1%。当两个测定值之差超过 2% 时，此组试验结果应为无效。

五、检测结果计算与评定

砂浆保水性应按式(2-30)计算：

$$W = \left[1 - \frac{m_4 - m_2}{\alpha \times (m_3 - m_1)}\right] \times 100\% \tag{2-30}$$

式中　W——保水率(%);

m_1——不透水片与干燥试模质量,g;

m_2——8 片滤纸吸水前的质量,g;

m_3——试模、不透水片与砂浆总质量,g;

m_4——8 片滤纸吸水后的质量,g;

α——砂浆含水率(%)。

取两次试验结果的平均值作为结果,如两个测定值中有一个超出平均值的 5%,则此组试验结果无效。

任务四　砂浆分层度检测

一、检测依据

《建筑砂浆基本性能试验方法标准》(JGJ/T 70—2009)。

二、检测目的

通过分层度试验,测定砂浆在运输及停放时的保水能力及砂浆内部各组分之间的相对稳定性,以评定其和易性。

三、仪器设备

(1)分层度测定仪。由上、下两层金属筒及左右两根连接螺栓组成。圆筒内径为 150 mm,上节高度为 200 mm,下节带底净高为 100 mm。上、下层连接处需加宽到 3 ~ 5 mm,并设有橡胶垫圈,见图 2-16。

(2)振动台:振幅为(0.5 ±0.05) mm,频率为(50 ±3) Hz。

(3)砂浆稠度仪、木锤等。

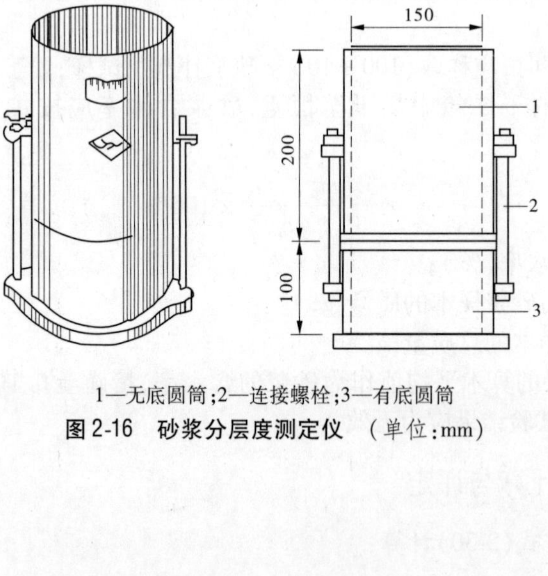

1—无底圆筒;2—连接螺栓;3—有底圆筒

图 2-16　砂浆分层度测定仪　(单位:mm)

四、检测步骤

分层度试验一般采用标准法(也称为静置法),也可采用快速法,但有争议时,则以标准法为准。

(一)标准法

(1)将拌和好的砂浆按稠度试验方法测其稠度(沉入度)K_1。

(2)将砂浆拌和物一次装入分层度筒内,装满后,用木锤在筒周围大致相等的四个不同位置轻敲1~2下,如砂浆沉落到低于筒口,则应随时添加,然后刮去多余砂浆并用抹刀抹平。

(3)静置30 min后,去掉上层200 mm砂浆,将剩余的100 mm砂浆倒出并放在拌和锅内拌2 min,按上述稠度测定方法测其稠度K_2。

(二)快速法

(1)按稠度试验方法测其稠度K_1。

(2)将分层度筒预先固定在振动台上,砂浆一次装入分层度筒内,振动20 s。

(3)去掉上节200 mm砂浆,将剩余100 mm砂浆倒出并放在拌和锅内拌2 min,再按稠度试验方法测其稠度K_2。

五、检测结果计算与评定

(1)两次测得的稠度之差,为砂浆分层度值,即$\Delta = K_1 - K_2$。

(2)取两次试验结果的算术平均值作为该砂浆的分层度值。

(3)两次分层度值之差如果大于10 mm,应重新做试验。

任务五　砂浆立方体抗压强度检测

一、检测依据

《建筑砂浆基本性能试验方法标准》(JGJ/T 70—2009)。

二、检测目的

检测砂浆立方体的抗压强度,用以测定砂浆强度等级。

三、仪器设备

(1)试模:70.7 mm×70.7 mm×70.7 mm的带底试模,应符合现行行业标准《混凝土试模》(JG 237—2008)的规定,以及具有足够的刚度并拆装方便。试模内表面应机械加工,其不平度应为每100 mm不超过0.05 mm,组装后各相邻面的不垂直度不应超过±0.5°。

(2)钢制捣棒:直径10 mm、长250 mm的钢棒,端部应磨圆。

(3)压力试验机:精度应为1%,试件破坏荷载应不小于压力试验机量程的20%,且不应大于全量程的80%。

(4)垫板:试验机上、下压板及试件之间垫钢垫板。其尺寸应大于试件的承压面,不平整度为每100 mm不超过0.02 mm。

(5)振动台。

四、检测步骤

(一)试件制作

(1)采用立方体试件,每组试件 3 个。

(2)在试模内涂一薄层矿物油,将拌制好的砂浆一次性装满砂浆试模,成型方法根据稠度而定。当稠度≥50 mm 时采用人工振捣成型,当稠度 <50 mm 时采用振动台振实成型。

①人工振捣:用捣棒均匀地由边缘向中心按螺旋方式插捣 25 次,在插捣过程中如砂浆沉落低于试模口,应随时添加砂浆,可用油灰刀插捣数次,并用手将试模一边抬高 5 ~ 10 mm 各振动 5 次,使砂浆高出试模顶面 6 ~ 8 mm。

②机械振动:将砂浆一次装满试模,放置到振动台上,振动时试模不得跳动,振动 5 ~ 10 s 或持续到表面出浆;不得过振。

③待表面水分稍干后,将高出试模部分的砂浆沿试模顶面刮去并抹平。

(二)试件养护

试件制作后应在室温为(20 ±5) ℃的环境下静置(24 ±2) h,当气温较低时,可适当延长时间,但不应超过两昼夜,然后对试件进行编号、拆模。试件拆模后应立即放入温度为(20 ±2) ℃,相对湿度为 90% 以上的标准养护室中养护。养护期间,试件彼此间隔不小于 10 mm,混合砂浆试件上面应覆盖,以防有水滴在试件上。

(三)砂浆立方体试件抗压强度试验

(1)试件养护至规定龄期,取出试件后应及时进行试验。试验前将试件表面擦拭干净,测量尺寸,并检查其外观,据此计算试件的承压面积,如实测尺寸与公称尺寸之差不超过 1 mm,可按公称尺寸进行计算。

(2)将试件安放在试验机下压板正中间,上下压板与试件之间宜垫以钢垫板。加压方向应与试件捣实方向垂直。开动试验机,当上压板与上垫板行将接触时,如有明显偏斜,应调整球座,使试件均匀受压。

(3)以 0.3 ~ 0.5 MPa/s 速度连续而均匀地加荷。当试件接近破坏而开始迅速变形时,停止调整试验机油门,直至试件破坏,然后记录破坏荷载。

五、检测结果计算与评定

(1)砂浆立方体抗压强度应按式(2-31)计算(计算应精确至 0.1 MPa):

$$f_{m,cu} = K\frac{P}{A} \tag{2-31}$$

式中 $f_{m,cu}$——砂浆立方体抗压强度,MPa;

P——试件破坏荷载,N;

A——试件承压面积,mm^2;

K——换算系数,取 1.35。

(2)应以三个试件测值的算术平均值作为该组试件的砂浆立方体抗压强度平均值,精确至 0.1 MPa。当三个测值的最大值或最小值中有一个与中间值的差值超过中间值的 15% 时,应把最大值及最小值一并舍去,取中间值作为该组试件的抗压强度值;如有两个测值与中间值的差值均超过中间值的 15%,该组试验应重做。

任务六 砂浆检测记录表

砂浆立方体试块抗压强度检验原始记录表见表2-16。

表2-16 砂浆立方体试块抗压强度检验原始记录表

<table>
<tr><td>检测编号</td><td colspan="3"></td><td>检测性质</td><td></td><td colspan="3"></td></tr>
<tr><td>检测地点</td><td colspan="3"></td><td>送样日期</td><td></td><td colspan="3"></td></tr>
<tr><td>设计指标</td><td colspan="3"></td><td>检测依据</td><td></td><td colspan="3"></td></tr>
<tr><td>环境条件</td><td colspan="3"></td><td>检测日期</td><td></td><td colspan="3"></td></tr>
<tr><td rowspan="2">样品编号</td><td rowspan="2">截面尺寸(mm)</td><td rowspan="2">受压面积 A (mm^2)</td><td rowspan="2">检验日期</td><td rowspan="2">破坏荷载 P(kN)</td><td rowspan="2">换算系数 K</td><td colspan="2">抗压强度(MPa)</td><td rowspan="2">取值描述</td></tr>
<tr><td>单块 $f_{m,cu}=KP/A$</td><td>强度 f_2</td></tr>
<tr><td rowspan="3"></td><td rowspan="3"></td><td rowspan="3"></td><td rowspan="3"></td><td></td><td rowspan="3"></td><td></td><td rowspan="3"></td><td rowspan="3"></td></tr>
<tr><td></td><td></td></tr>
<tr><td></td><td></td></tr>
<tr><td rowspan="3"></td><td rowspan="3"></td><td rowspan="3"></td><td rowspan="3"></td><td></td><td rowspan="3"></td><td></td><td rowspan="3"></td><td rowspan="3"></td></tr>
<tr><td></td><td></td></tr>
<tr><td></td><td></td></tr>
<tr><td rowspan="3"></td><td rowspan="3"></td><td rowspan="3"></td><td rowspan="3"></td><td></td><td rowspan="3"></td><td></td><td rowspan="3"></td><td rowspan="3"></td></tr>
<tr><td></td><td></td></tr>
<tr><td></td><td></td></tr>
<tr><td>检验依据</td><td colspan="4"></td><td>仪器设备</td><td colspan="3">万能试验机、钢直尺</td></tr>
<tr><td>备注</td><td colspan="8"></td></tr>
</table>

检验人:________________ 审核人:________________

项目六　钢筋检测

任务一　钢筋的取样

一、检测依据

《钢及钢产品　力学性能试验取样位置及试样制备》(GB/T 2975—1998)。

二、检验批的规定

钢筋应按批进行检查和验收,检验批的规定如下:

(1)热轧光圆钢筋、热轧带肋钢筋、余热处理钢筋每批由同一牌号、同一炉罐号、同一规格的钢筋组成。每批质量通常不超过60 t。超过60 t的部分,每增加40 t(或不足40 t的余数),增加一个拉伸试样和一个弯曲试样。

(2)低碳钢热轧圆盘条、优质碳素钢热轧盘条每批由同一炉号、同一牌号、同一尺寸的盘条组成。

(3)冷轧带肋钢筋每批应由同一牌号、同一外形、同一规格、同一生产工艺和同一交货状态的钢筋组成,每批不大于60 t。

三、钢筋取样方法

钢筋取样时,应从每批钢筋中抽取产品,然后按规范规定的取样方法截取试样。每批钢筋的检验项目(此处仅列拉伸和弯曲两项)、取样方法和取样数量见表2-17。

表2-17　钢筋的检验项目、取样方法和取样数量

<table>
<tr><th>钢筋种类</th><th>检验项目</th><th>取样数量</th><th>取样方法</th><th>试验方法</th></tr>
<tr><td rowspan="2">低碳钢热轧圆盘条</td><td>拉伸</td><td>每批1个</td><td>GB/T 2975—1998</td><td rowspan="10">《金属材料　拉伸试验　第1部分:室温试验方法》(GB/T 228.1—2010)《金属材料　弯曲试验方法》(GB/T 232—2010)</td></tr>
<tr><td>弯曲</td><td>每批2个</td><td>不同根盘条、GB/T 2975—1998</td></tr>
<tr><td rowspan="2">优质碳素钢热轧盘条</td><td>拉伸</td><td>每批2个</td><td>不同根盘条、GB/T 2975—1998</td></tr>
<tr><td>弯曲</td><td>每批1个</td><td>GB/T 2975—1998</td></tr>
<tr><td rowspan="2">热轧光圆钢筋</td><td>拉伸</td><td>每批2个</td><td>任选两根钢筋切取</td></tr>
<tr><td>弯曲</td><td>每批2个</td><td>任选两根钢筋切取</td></tr>
<tr><td rowspan="2">热轧带肋钢筋</td><td>拉伸</td><td>每批2个</td><td>任选两根钢筋切取</td></tr>
<tr><td>弯曲</td><td>每批2个</td><td>任选两根钢筋切取</td></tr>
<tr><td rowspan="2">冷轧带肋钢筋</td><td>拉伸</td><td>每盘1个</td><td>在每盘中随机切取</td></tr>
<tr><td>弯曲</td><td>每批2个</td><td>在任一盘中随机切取</td></tr>
</table>

任务二　钢筋拉伸检测

一、检测依据

《金属材料　拉伸试验　第1部分:室温试验方法》(GB/T 228.1—2010)。

二、检验目的

检测钢材的力学性能,评定钢材质量。

三、仪器设备

(1)试验机:应按照《静力单轴试验机的检验　第1部分:拉力和(或)压力试验机测力系统的检验与校准》(GB/T 16825.1—2008)进行检验,并应为Ⅰ级或优于Ⅰ级准确度。

(2)引伸计:应符合《单轴试验用引伸计的标定》(GB/T 12160—2002)的要求。

(3)钢筋打点机或划线机、游标卡尺(精度为0.1 mm)。

四、检测步骤

(一)试样的制作

试样原始标距L_0与横截面面积S_0有$L_0 = k\sqrt{S_0}$关系者称为比例试样。国际上使用的比例系数k的值为5.65,原始标距应不小于15 mm。当试样横截面面积太小,以致采用比例系数k为5.65的值不能符合这一最小标距要求时,可以采用较高的值(优先采用11.3)或采用非比例试样。非比例试样其原始标距(L_0)与原始横截面面积(S_0)无关。

对于直径$d_0 \geqslant 4$ mm的钢筋,属于比例试件,原始标距$L_0 = k\sqrt{S_0}$,其中比例系数k通常取5.65,也可以取11.3。对于比例试样,应将原始标距的计算值按GB/T 8170修约至最接近5 mm的倍数。试件平行长度$L_c \geqslant L_0 + d_0/2$,对于仲裁试验$L_c \geqslant L_0 + 2d_0$,钢筋拉伸试件不允许进行车削加工,对未加工试样$L_c$是指夹持部分之间的距离。试件的总长度取决于夹持方法,原则上试件的总长$L_t > L_c + 4d_0$。

对于直径$d_0 < 4$ mm的钢丝,属于非比例试件,其原始标距L_0应取(200 ± 2) mm或(100 ± 1) mm。试验机两夹头之间的试样长度L_c应至少等于$L_0 + 3d_0$,最小值为$(L_0 + 20)$ mm。

试验前将试样原始标距细分为5 mm(推荐)到10 mm的N等份。试样原始标距应用小标记、细划线或细墨线标记,但不得用可能会引起过早断裂的缺口作标记;也可以标记一系列套叠的原始标距;还可以在试样表面划一条平行于试样纵轴的线,并在此线上标记原始标距。

(二)试样原始横截面面积(S_0)的测定

原始横截面面积的测定应精确到±1%。

对于钢筋(圆形截面)试样,应在标距的两端及中间三处,分别在两个相互垂直的方向测量试样的直径,取其算术平均值计算该处的横截面面积。取三处横截面面积的平均值作为试样原始横截面面积。

(三)上、下屈服强度 R_{eH}、R_{eL} 的测定

上屈服强度 R_{eH} 可以从力—延伸曲线图或峰值力显示器上测得,定义为力首次下降前的最大力值对应的应力。

下屈服强度 R_{eL} 可以从力—延伸曲线图上测得,定义为不计初始瞬时效应时屈服阶段中的最小力所对应的应力。

对于上、下屈服强度位置判定的基本原则如下:

(1)屈服前的第1个峰值应力(第1个极大值应力)判为上屈服强度,不管其后的峰值应力比它大或比它小。

(2)屈服阶段中如呈现两个或两个以上的谷值应力,舍去第1个谷值应力(第1个极小值应力),取其余谷值应力中最小者判为下屈服强度。如只呈现1个下降谷,此谷值应力判为下屈服强度。

(3)屈服阶段中呈现屈服平台,平台应力判为下屈服强度;如呈现多个屈服平台而且后者高于前者的屈服平台,判第1个平台应力为下屈服强度。

(4)正确的判断结果应是下屈服强度一定低于上屈服强度。

(四)断后伸长率(A)、断裂总延伸率(A_t)和最大力总延伸率(A_{gt})的测定

(1)为了测定断后伸长率,应将试样断裂的部分仔细地配接在一起,使其轴线处于同一直线上,并采取特别措施确保试样断裂部分适当接触后测量试样断后标距。这对小横截面试样和低伸长率试样尤为重要。

断后伸长率按式(2-32)计算:

$$A = \frac{L_u - L_0}{L_0} \times 100\% \tag{2-32}$$

式中 A——断后伸长率(%);

L_0——原始标距,mm;

L_u——断后标距,mm。

对于比例试样,若原始标距不为 $5.65\sqrt{S_0}$(S_0 为平行长度的原始横截面面积),符号 A 应附以下脚注说明所使用的比例系数(例如,$A_{11.3}$:表示原始标距(L_0)为 $11.3\sqrt{S_0}$ 的断后伸长率)。对于非比例试样,符号 A 应附以下脚注说明所使用的原始标距,以 mm 表示(例如,A_{80mm} 表示原始标距(L_0)为 80 mm 的断后伸长率)。

应使用分辨力足够的量具或测量装置测定断后伸长量($L_u - L_0$),并准确到 ±0.25 mm。

如规定的最小断后伸长率小于5%,建议按规范采取特殊方法进行测定。原则上只有断裂处与最接近的标距标记的距离不小于原始标距的1/3的情况方为有效。但断后伸长率若大于或等于规定值,不管断裂位置处于何处,测量均为有效。

(2)移位法测定断后伸长率。当试样断裂处与最接近的标距标记的距离小于原始标距的1/3时,可以使用如下方法。

试验前,将原始标距(L_0)细分为 5 mm(推荐)到 10 mm 的 N 等份。试验后,以符号

X 表示断裂试样短段的标距标记,以符号 Y 表示断裂试样长段的等分标记,此标记与断裂处的距离最接近于断裂处至标距标记 X 的距离。

如 X 与 Y 之间的分格数为 n,按如下测定断后伸长率。

①如$(N-n)$为偶数(见图 2-17(a)),测量 X 与 Y 之间的距离 l_{XY}和测量从 Y 至距离为 $\frac{1}{2}(N-n)$ 个分格的 Z 标记之间的距离 l_{YZ}。

按式(2-33)计算断后伸长率:

$$A = \frac{l_{XY} + 2l_{YZ} - L_0}{L_0} \times 100\% \tag{2-33}$$

②如$(N-n)$为奇数(见图 2-17(b)),测量 X 与 Y 之间的距离 l_{XY},以及从 Y 至距离分别为 $\frac{1}{2}(N-n-1)$ 和 $\frac{1}{2}(N-n+1)$ 个分格的 Z'和 Z''标记之间的距离 $l_{YZ'}$ 和 $l_{YZ''}$ 。

按式(2-34)计算断后伸长率:

$$A = \frac{l_{XY} + l_{YZ'} + l_{YZ''} - L_0}{L_0} \times 100\% \tag{2-34}$$

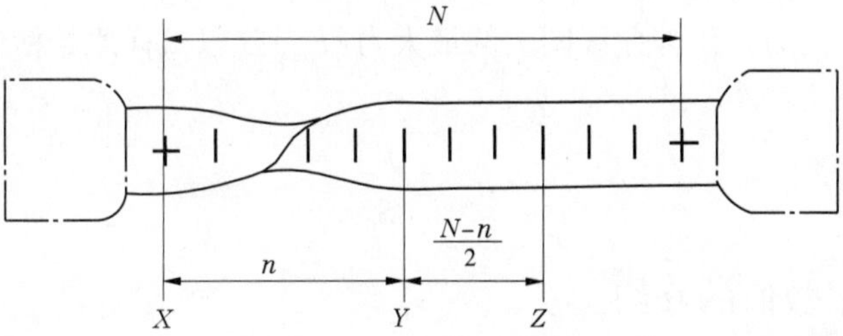

(a)$(N-n)$为偶数

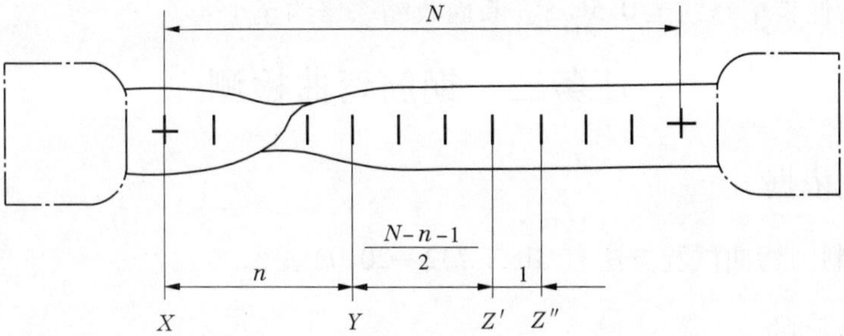

(b)$(N-n)$为奇数

图 2-17　移位方法的图示说明(试样头部形状仅为示意)

(3)能用引伸计测定断裂延伸的试验机,引伸计标距(L_e)应等于试样原始标距(L_0),无需标出试样原始标距的标记。以断裂时的总延伸作为伸长测量时,为了得到断后伸长率,应从总延伸中扣除弹性延伸部分。

原则上,断裂发生在引伸计标距(L_e)以内方为有效,但断后伸长率等于或大于规定值时,不管断裂位置处于何处,测量均为有效。

(4)在用引伸计得到的力—延伸曲线图上测定断裂总延伸。

断裂总延伸率 A_t 按式(2-35)计算:

$$A_t = \frac{\Delta L_f}{L_e} \times 100\% \tag{2-35}$$

式中 A_t——断裂总延伸率(%);

L_e——引伸计标距,mm;

ΔL_f——断裂总延伸,mm。

(5)在用引伸计得到的力—延伸曲线图上测定最大力总延伸。

最大力总延伸率 A_{gt} 按式(2-36)计算:

$$A_{gt} = \frac{\Delta L_m}{L_e} \times 100\% \tag{2-36}$$

式中 A_{gt}——最大力总延伸率(%);

L_e——引伸计标距,mm;

ΔL_m——最大力总延伸,mm。

(五)抗拉强度(R_m)的测定

用引伸计得到的力—延伸曲线图上的最大力(F_m)除以试样原始横截面面积(S_0),即为抗拉强度。

$$R_m = \frac{F_m}{S_0} \tag{2-37}$$

五、测定结果数值的修约

试验测定的结果数值应按照相关产品标准的要求进行修约。如未规定具体要求,应按照如下要求进行修约:①强度性能值修约至1 MPa;②屈服点延伸率修约至0.1%,其他延伸率和断后伸长率修约至0.5%;③断面收缩率修约至1%。

任务三 钢筋弯曲检测

一、检测依据

《金属材料 弯曲试验方法》(GB/T 232—2010)。

二、检验目的

检测钢材的弯曲性能,评定钢材质量。

三、仪器设备

应在配备下列弯曲装置之一的试验机或压力机上完成试验。

(1)支辊式弯曲装置:如图2-18所示,支辊长度和弯曲压头的宽度应大于试样宽度或直径。弯曲压头的直径由产品标准规定,支辊和弯曲压头应具有足够的硬度。

(2)V形模具式弯曲装置。

(3)虎钳式弯曲装置。

(4)翻板式弯曲装置。

除非另有规定,支辊间距离 l 应按式(2-38)确定:

$$l = (D + 3a) \pm 0.5a \tag{2-38}$$

此距离在试验期间应保持不变。

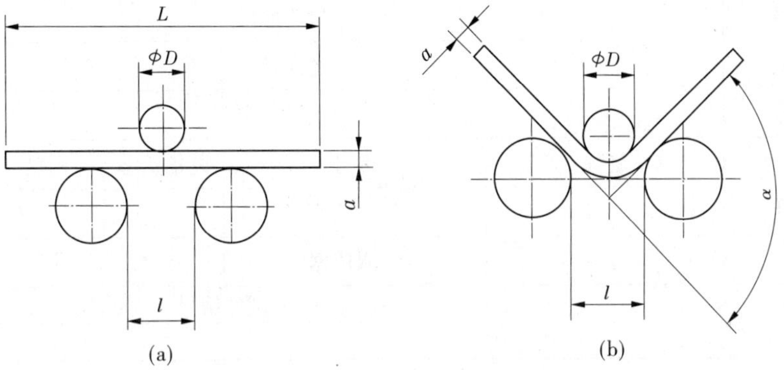

图 2-18　支辊式弯曲装置

四、检测步骤

(一)试样准备

按钢筋的取样方法(见任务一)进行取样。试样表面不得有划痕和损伤。试样长度应根据钢筋直径和所使用的试验设备确定。

(二)试验方法

按照相关产品标准规定,采用下列方法之一完成试验:

(1)试样弯曲至规定角度的试验。应将试样放置于两支辊上,试样轴线应与弯曲压头轴线垂直,弯曲压头在两支座之间的中点处对试样连续施加力使其弯曲,直至达到规定的弯曲角度。

使用上述方法如不能直接达到规定的弯曲角度,应将试样置于两平行压板之间,连续对两端施压使其进一步弯曲,直到达到规定的弯曲角度。

(2)试样弯曲至两臂相互平行的试验。首先对试样进行初步弯曲,然后将试样置于两平行压板之间,连续施加力压其两端使其进一步弯曲,直至两臂平行。试验时可以加或不加内置垫块,垫块厚度等于规定的弯曲压头直径,除非产品标准中另有规定。

(3)试样弯曲至两臂直接接触的试验。首先对试样进行初步弯曲,然后将试样置于两平行压板之间,连续施加力压其两端使其进一步弯曲,直至两臂直接接触。

五、检测结果评定

(1)应按相关产品标准的要求评定弯曲试验结果。如未规定具体要求,弯曲试验后不使用放大仪器观察,试样弯曲外表面无可见裂纹应评定为合格。

(2)以相关产品标准规定的弯曲角度作为最小值;若规定弯曲压头直径,以规定的弯曲压头直径作为最大值。

任务四　钢筋检测记录表

钢筋原材料力学性能检验记录表见表2-18。

表2-18　钢筋原材料力学性能检验记录表

检测编号		检测性质			
检测日期		送样日期			
规格型号		生产厂家			
主要仪器及环境条件	名称	编号	设备状态	温度	相对湿度
				℃	%
样品状态		检测依据			

项目			试件编号					
拉伸试验	规格尺寸(mm)							
拉伸试验	实测直径(mm)							
拉伸试验	实测面积 $S(mm^2)$							
拉伸试验	标距	原始 L_0(mm)						
拉伸试验	标距	断后 L_u(mm)						
拉伸试验	断后伸长率 A(%) $A=(L_u-L_0)/L_0\times100$							
拉伸试验	上屈服强度 R_{eH}(MPa)							
拉伸试验	下屈服强度 R_{eL}(MPa)							
拉伸试验	最大力 F_m(kN)							
拉伸试验	抗拉强度 R_m(MPa) $R_m=F_m/S_0$							
弯曲试验	弯心直径(mm)							
弯曲试验	弯曲角度(°)							
弯曲试验	弯曲外表面描述							
弯曲试验	弯曲结果							

附注：

检测人：________　　　校核人：________

项目七　砌墙砖检测

任务一　砌墙砖的取样

一、检测依据

《砌墙砖试验方法》(GB/T 2542—2012)、《烧结普通砖》(GB 5101—2003)、《烧结多孔砖和多孔砌块》(GB 13544—2011)、《烧结空心砖和空心砌块》(GB 13545—2014)。

二、取样方法

烧结砖以3.5万~15万块为一检验批,不足3.5万块也按一批计;采用随机取样,外观质量检验的砖样在每一检验批的产品堆垛中抽取,数量为50块;尺寸偏差检验的砖样从外观质量检验后的样品中抽取,数量为20块,其他项目的砖样从外观质量和尺寸偏差检验后的样品中抽取。强度等级检验抽样数量为10块。

任务二　砌墙砖的尺寸测量

一、检测目的

检测砖试样的几何尺寸是否符合标准,评判砖的质量。

二、仪器设备

砖用卡尺(分度值为0.5 mm)。

三、检测方法

砖样的长度应在砖的两个大面的中间处分别测量2个尺寸,宽度应在砖的两个大面的中间处分别测量2个尺寸,高度应在砖的两个条面的中间处分别测量2个尺寸,如图2-19所示。当被测处缺损或凸出时,可在其旁边测量,但应选择不利的一侧进行测量,测量精确至0.5 mm。

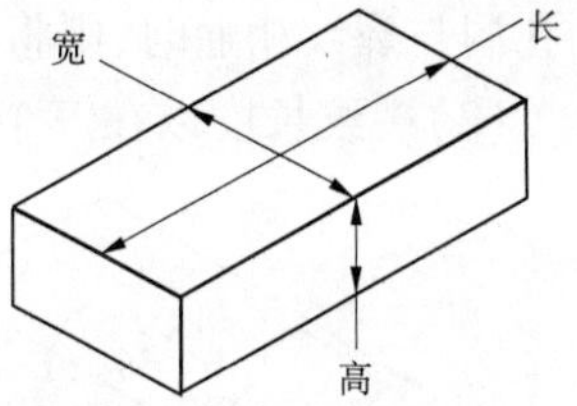

图2-19　砖的尺寸量法

四、检测结果评定

每一方向尺寸以两个测量值的算术平均值表示,精确至1 mm。

任务三　砌墙砖的外观质量检验

一、检测目的

检查砖外表的完好程度,评判砖的质量。

二、仪器设备

砖用卡尺(分度值为0.5 mm),钢直尺(分度值为1 mm)。

三、检测方法

(一)缺损

(1)缺棱掉角在砖上造成的破损程度,以破损部分在长、宽、高三个棱边的投影尺寸来度量,称为破坏尺寸,如图2-20所示。

(2)缺损造成的破坏面,是指缺损部分对条面、顶面(空心砖为条面、大面)的投影面积,如图2-21所示。空心砖内壁残缺及肋残缺尺寸,以长度方向的投影尺寸来度量。

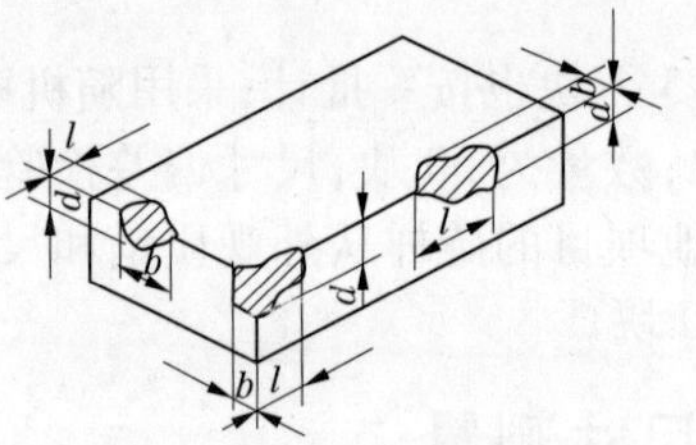

l—长度方向的投影尺寸;b—宽度方向的投影尺寸;d—高度方向的投影尺寸

图2-20　砖的破坏尺寸量法

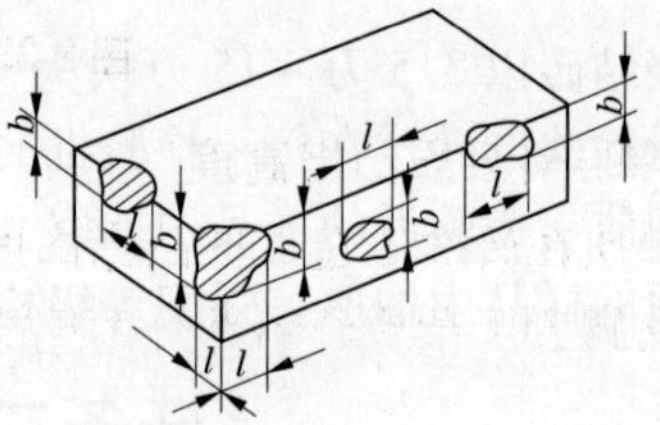

l—长度方向的投影尺寸;b—宽度方向的投影尺寸

图2-21　缺损在条面、顶面上造成破坏面量法

(二)裂纹

(1)裂纹分为长度方向、宽度方向和水平方向三种,以被测方向上的投影长度表示。如果裂纹从一个面延伸至其他面上,则累计其延伸的投影长度l,如图2-22所示。多孔砖的孔洞与裂纹相通时,则将孔洞包括在裂纹内一并测量,如图2-23所示。

(2)裂纹长度以在三个方向上分别测得的最长裂纹作为测量结果。

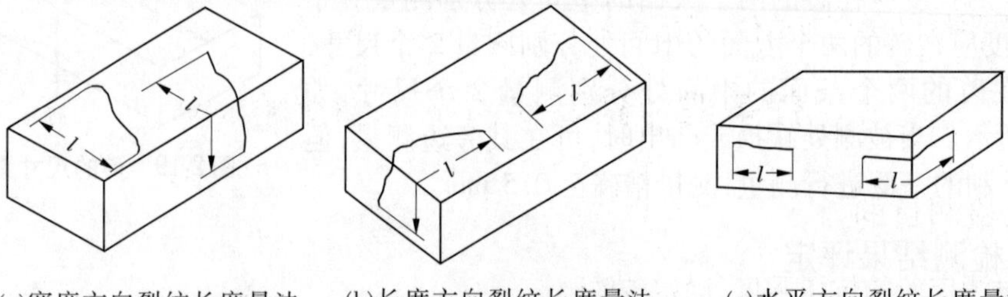

(a)宽度方向裂纹长度量法　(b)长度方向裂纹长度量法　(c)水平方向裂纹长度量法

图2-22　裂纹长度量法

(三)弯曲

分别在大面和条面上测量,测量时将砖用卡尺的两支脚沿棱边两端放置,择其弯曲最大处将垂直尺推至砖面,如图2-24所示,但不应将因杂质或碰伤造成的凹陷计算在内。以弯曲测量中测得的较大者作为测量结果。

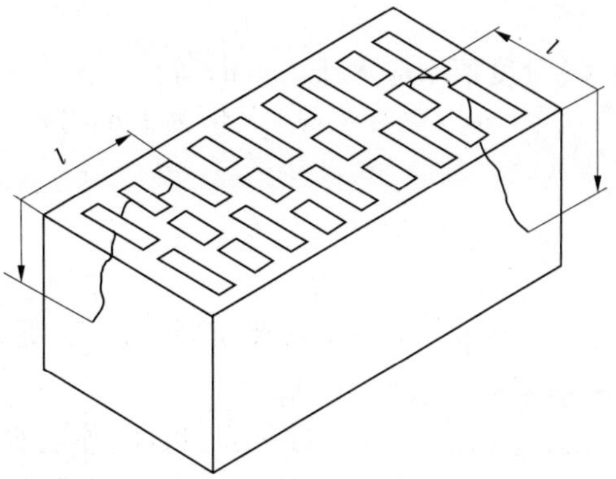

l—裂纹总长度

图 2-23　多孔砖裂纹通过孔洞时量法

(四)砖杂质凸出高度

杂质在砖面上造成的凸出高度,以杂质距砖面的最大距离表示。测量时将砖用卡尺的两支脚置于杂质凸出部分两侧的砖平面上,以垂直尺测量,如图 2-25 所示。

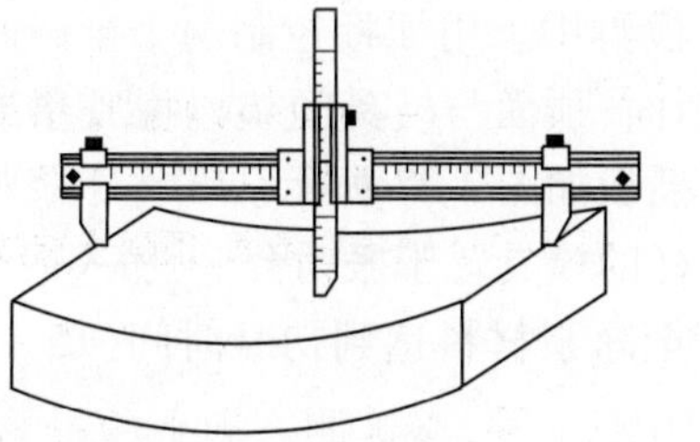

图 2-24　弯曲量法

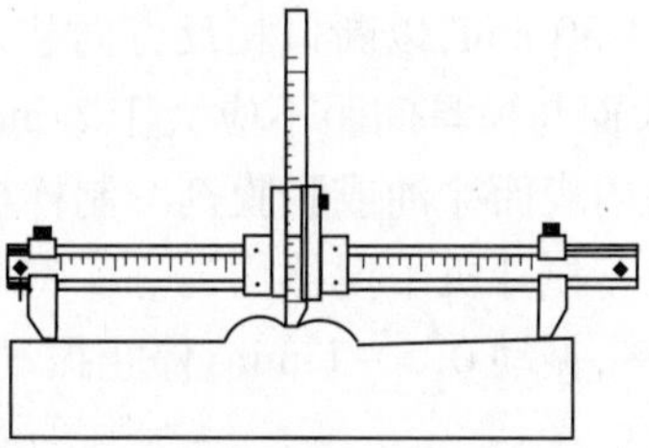

图 2-25　杂质凸出高度量法

四、检测结果处理与评定

外观测量以 mm 为单位,不足 1 mm 者均按 1 mm 计。

任务四　砌墙砖的抗压强度检测

一、检测目的

通过测定砖的抗压强度,确定砖的强度等级。

二、仪器设备

(1)材料试验机:试验机示值相对误差不大于 ±1%,其下加压板应为球铰支座,预期最大破坏荷载应在量程的 20% ~80%。

(2)振动台、制样模具、搅拌机:应符合《砌墙砖抗压强度试样制备设备通用要求》(GB/T 25044—2010)的要求。

(3)抗压强度试验用净浆材料:应符合《砌墙砖抗压强度试验用净浆材料》(GB/T

25183—2010)的要求。

(4)切割设备、钢直尺(分度值不应大于1 mm)等。

三、检测方法

(一)试样数量

试样数量为10块。

(二)试样制备

试样制备分为一次成型制样、二次成型制样和非成型制样。

(1)一次成型制样。该方法适用于采用样品中间部位切割,交错叠加灌浆制成强度试样的方式。具体步骤:①将试样锯成两个半截砖,两个半截砖用于叠合部分的长度不得小于100 mm,如图2-26所示。如果不足100 mm,应另取备用试样补足。②将已切割开的半截砖放入室温的净水中浸20～30 min后取出,在钢丝网架上滴水20～30 min,以断口相反方向装入制样模具中。用插板控制两个半砖间距不大于5 mm,砖大面与模具间距不应大于3 mm,砖断面、顶面与模具间垫以橡胶垫或其他密封材料,模具内表面涂油或脱膜剂。制样模具及插板如图2-27所示。③将净浆材料按照配制要求,置于搅拌机中搅拌均匀。④将装好试样的模具置于振动台上,加入适量搅拌均匀的净浆材料,振动0.5～1 min,停止振动,静置至净浆材料达到初凝时间(15～19 min)后拆模。

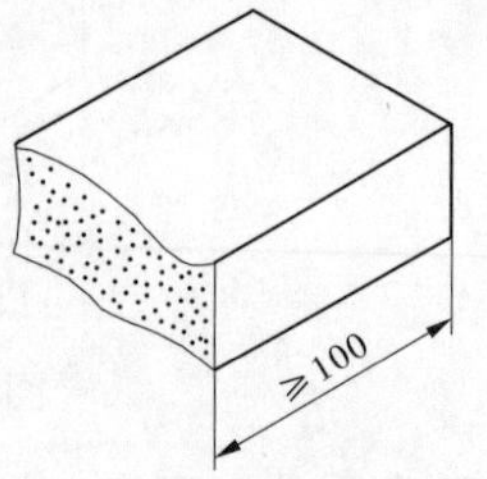

图2-26　半截砖长度示意图　(单位:mm)

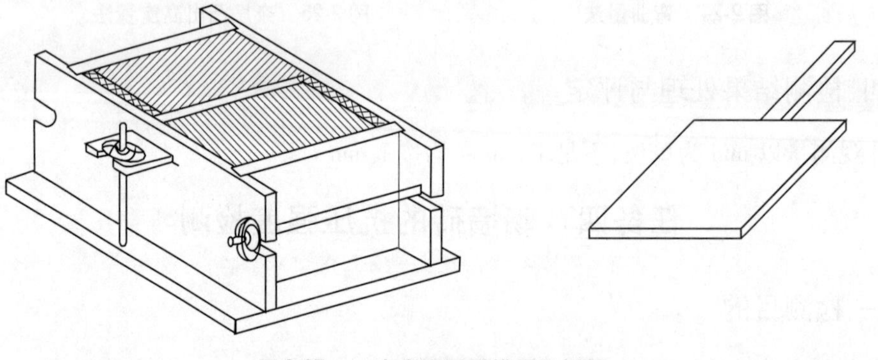

图2-27　一次成型制样模具及插板

(2)二次成型制样。该方法适用于采用整块样品上下表面灌浆制成强度试样的方式。具体步骤:①将整块试样放入室温的净水中浸20～30 min后取出,在钢丝网架上滴水20～30 min。②按照净浆材料配制要求,置于搅拌机中搅拌均匀。③模具内表面涂油或脱膜剂,加入适量搅拌均匀的净浆材料,将试样的一个承压面与净浆接触,装入制样模具中,承压面找平层厚度不应大于3 mm。接通振动台电源,振动0.5～1 min,停止振动,静置至净浆材料达到初凝时间(15～19 min)后拆模。按同样方法完成试样另一承压面的找平。二次成型制样模具如图2-28所示。

(3)非成型制样。该方法适用于试样无需进行表面找平处理制样的方式。具体步骤:①将试样锯成两个半截砖,两个半截砖用于叠合部分的长度不得小于 100 mm。如果不足 100 mm,应另取备用试样补足。②两半截砖切断口相互叠放,叠合部分不得小于 100 mm,如图 2-29 所示,即为抗压强度试样。

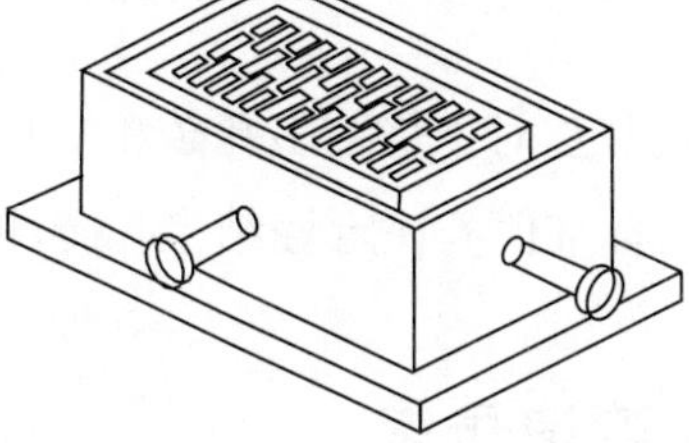

图 2-28　二次成型制样模具

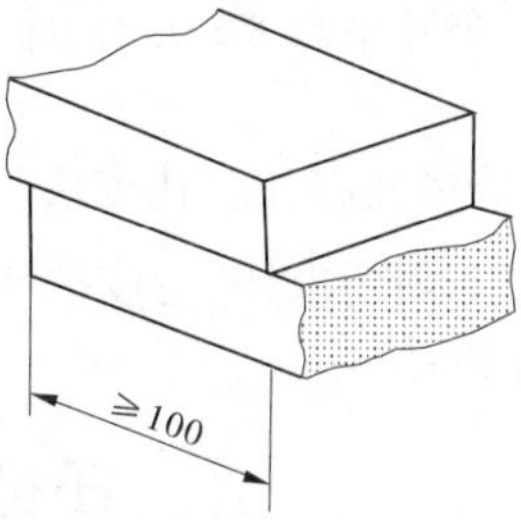

图 2-29　半砖叠合示意图　(单位:mm)

(三)试样养护

(1)一次成型制样、二次成型制样在不低于 10 ℃的不通风室内养护 4 h。

(2)非成型制样不需要养护,试样气干状态直接进行试验。

(四)强度测定

测量每个试样连接面或受压面的长、宽尺寸各两个,分别取其平均值,精确至 1 mm。将试样平放在加压板的中央,垂直于受压面加荷,加荷过程应均匀平稳,不得发生冲击或振动。加荷速度以 2 ~6 kN/s 为宜,直至试样破坏,记录最大破坏荷载 P。

四、结果计算与评定

(1)结果计算。每块试样的抗压强度 f_p 按式(2-39)计算,精确至 0.01 MPa。

$$f_p = \frac{F}{LB} \tag{2-39}$$

式中 f_p—— 抗压强度, MPa;

F —— 最大破坏荷载,N;

L —— 受压面(连接面)的长度,mm;

B —— 受压面(连接面)的宽度,mm。

(2)结果评定。试验后按式(2-40)、式(2-41)分别计算出强度变异系数 δ、标准差 S。

$$\delta = \frac{S}{\overline{f}} \tag{2-40}$$

$$S = \sqrt{\frac{1}{9}\sum_{i=1}^{10}(f_i - \overline{f})^2} \tag{2-41}$$

式中 δ—— 砖强度变异系数, 精确至 0.01;

S —— 10 块试样的抗压强度标准差,MPa,精确至 0.01 MPa;

$\overline{f}$ —— 10 块试样的抗压强度平均值,MPa,精确至 0.01 MPa;

f_i—— 单块试样抗压强度测定值,MPa,精确至 0.01 MPa。

样本量 $n=10$ 时的强度标准值按式(2-42)计算:

$$f_k = \overline{f} - 1.8S \tag{2-42}$$

式中 f_k——强度标准值,MPa,精确至0.1 MPa。

《烧结普通砖》(GB 5101—2003)、《烧结空心砖和空心砌块》(GB 13545—2014)的规定,对于烧结普通砖、烧结空心砖和空心砌块的抗压强度按下列要求评定:

①当变异系数 $\delta \leq 0.21$ 时,按抗压强度平均值 $\bar{f}$、强度标准值 f_k 评定砖的强度等级。

②当变异系数 $\delta > 0.21$ 时,按抗压强度平均值 $\bar{f}$、单块最小抗压强度值 f_{min} 评定其强度等级。

《烧结多孔砖和多孔砌块》(GB 13544—2011)规定,对于烧结多孔砖和多孔砌块的抗压强度按下列要求评定:按抗压强度平均值 $\bar{f}$、强度标准值 f_k 评定烧结多孔砖和多孔砌块的强度等级。

任务五　砌墙砖检测记录表

烧结普通砖检验原始记录表见表 2-19。

表 2-19　烧结普通砖检验原始记录表

检测编号			检测性质			
检测日期			送样日期			
规格型号			生产厂家			
主要仪器及环境条件	名称	编号		设备状态	温度	相对湿度
					____℃	____%
样品状态		检测依据				

抗压强度

序号	承压面尺寸平均值		受压面积 A(mm²)	最大破坏荷载 F(kN)	抗压强度 f_i(MPa)	抗压强度平均值 $\bar{f}$(MPa)	标准差 S	变异系数 δ	强度标准值 f_k(MPa)	单块最小强度值 f_{min}(MPa)
	长度(mm)	宽度(mm)								
1										
2										
3										
4										
5										
6										
7										
8										
9										
10										

计算公式	$f_i = F/A \quad \delta = S/\bar{f}$
备注	

检验人:__________　　审核人:__________

项目八　石油沥青及防水卷材检测

任务一　沥青及防水卷材的取样

一、检测依据

《沥青软化点测定法　环球法》(GB/T 4507—2014)、《沥青延度测定法》(GB/T 4508—2010)、《沥青针入度测定法》(GB/T 4509—2010)、《塑性体改性沥青防水卷材》(GB 18243—2008)。

二、取样

(一)沥青取样

(1)同一批出厂、同一规格牌号的沥青以20 t为一个取样单位,不足20 t也按一个取样单位取样。

(2)从每个取样单位的不同部位取5处洁净试样,每处所取数据大致相等,约1 kg作为平均试样。

(二)防水卷材取样

以同一类型、同一规格10 000 m^2为一批,不足10 000 m^2也可作为一批,每批中随机抽取5卷进行试验。

任务二　沥青针入度检测

一、检测依据

《沥青针入度测定法》(GB/T 4509—2010)。

二、检测目的

测定沥青的针入度,以确定沥青的黏滞性,评定沥青质量。

三、仪器设备

(1)针入度测定仪:如图2-30所示,针连杆在无明显摩擦下垂直运动,指示穿入深度精确至0.1 mm。针连杆的质量为(47.5 ±0.05) g,针和针连杆的总质量为(50 ±0.05) g,另附(50 ±0.05) g和(100 ±0.05) g的砝码各一个,可以组成(100 ±0.05) g和(200 ±0.05) g的载荷,以满足试验所需的载荷条件。仪器设有放置平底玻璃皿的平台,并有调节水平的装置,针连杆应与平台相垂直。仪器设有针连杆制动按钮,紧压按钮针连杆可自由下落。针连杆要易于装卸,以便定期检查其质量。

(2)标准针:如图2-31所示。由硬化回火的不锈钢制造,针长约50 mm,直径为1.00 ~ 1.02 mm,针重(2.50 ±0.05) g。每一根针均应附有国家计量部门的检验单。

(3)试样皿:金属或玻璃的圆柱形平底容器。试样皿的最小尺寸要求如下:针入度小于40时,试样皿直径为33 ~ 55 mm,深度为8 ~ 16 mm;针入度为40 ~ 200时,试样皿直径为55 mm,深度为35 mm;针入度为200 ~ 350时,试样皿直径为55 ~ 75 mm,深度为45 ~ 70 mm;针入度为350 ~ 500时,试样皿直径为55 mm,深度为70 mm。

(4)恒温水浴:容量不少于10 L,能保持温度在试验温度下控制在 ±0.1 ℃范围。水浴中距水底部50 mm处有一个带孔的支架,这一支架离水面至少有100 mm。如果针入度测定时在水浴中进行,支架应足够支撑针入度仪。在低温下测定针入度时,水浴中装入盐水。

(5)平底玻璃皿:容量不少于350 mL,深度要没过最大的试样皿。内设一个不锈钢三角支架,以保证试样皿稳定。

(6)温度计:液体玻璃温度计,刻度范围为

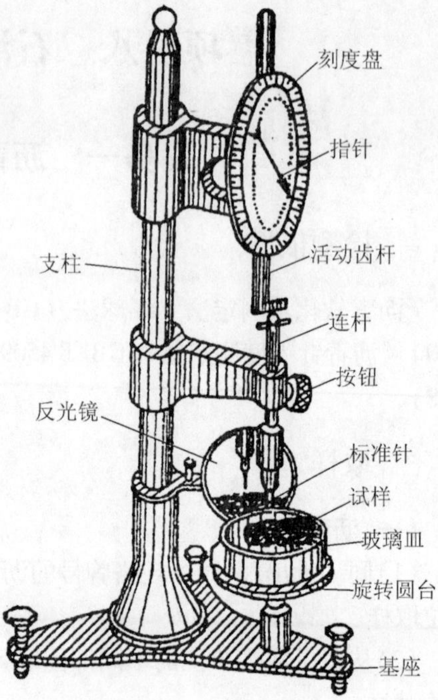

图2-30 针入度测定仪

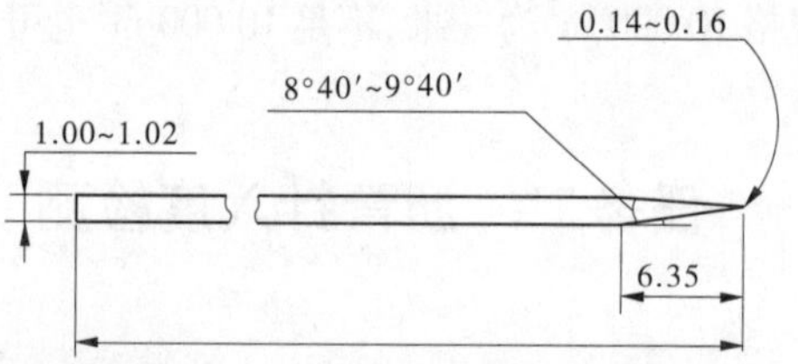

图2-31 针入度标准针 (单位:mm)

-8 ~ 55 ℃,分度值为0.1 ℃,或满足此准确度、精度和灵敏度的测温装置均可用。温度计或测温装置应定期按检验方法进行校正。

(7)计时器:刻度为0.1 s或小于0.1 s,60 s内的准确度达到 ±0.1 s的任何计时装置均可。直接连到针入度仪上的任何计时设备应进行精确校正以提供 ±0.1 s的时间间隔。

四、检测方法与步骤

针入度试验时,除非另行规定,标准针、针连杆与附加砝码的总质量为(100 ±0.05) g,温度为(25 ±0.1) ℃,时间为5 s。特定试验可采用的其他条件见《沥青针入度测定法》(GB/T 4509—2010)。

(一)准备工作

(1)小心加热样品,不断搅拌以防局部过热,加热到使样品能够易于流动。加热时,焦油沥青的温度不超过软化点60 ℃,石油沥青不超过软化点90 ℃。加热时间在保证样品充分流动的基础上尽量短。加热、搅拌过程中避免试样中进入气泡。

(2)将试样倒入预先选好的试样皿中,试样深度应至少是预计锥入深度的120%。如果试样皿的直径小于65 mm,而预期针入度高于200,每个试验条件都要倒3个样品。如果样品足够,浇注的样品要达到试样皿边缘。

(3)将试样皿松松地盖住,以防灰尘落入。在15～30 ℃的室温下,小的试样皿(φ33 mm×16 mm)中的样品冷却45 min～1.5 h,中等试样皿(φ55 mm×35 mm)中的样品冷却1～1.5 h,较大的试样皿中的样品冷却1.5～2.0 h,冷却结束后将试样皿和平底玻璃皿一起放入测试温度下的水浴中,水面应没过试样表面10 mm以上。

(二)检测步骤

(1)调节针入度仪使之水平,检查针连杆和导轨,确保上面无水和其他物质。如果预测针入度超过350,应选择长针,否则用标准针。先用合适的溶剂将针擦干净,再用干净的布擦干,然后将针插入针连杆中固定。按试验条件选择合适的砝码并放好砝码。

(2)如果测试时针入度仪是在水浴中,则直接将试样皿放在浸在水中的支架上,使试样完全浸在水中;如果试验时针入度仪不在水浴中,则将已恒温到试验温度的试样皿放在平底玻璃皿中的三角支架上,用与水浴相同温度的水完全覆盖样品,将平底玻璃皿放置在针入度仪的平台上,慢慢放下针连杆,使针尖刚刚接触到试样的表面,必要时用放置在合适位置的光源观察针头位置,使针尖与水中针头的投影刚刚接触。轻轻拉下活杆,使其与针连杆顶端相接触,调节针入度仪上的表盘读数指零或归零。

(3)在规定时间(5 s)内快速释放针连杆,同时启动秒表或计时装置,使标准针自由下落穿入沥青试样中,到规定时间使标准针停止移动,如图2-32所示。

(4)拉下活杆,再使其与针连杆顶端接触,此时表盘指针的读数即为试样的针入度,或以自动方式停止锥入,通过数据显示设备直接读出锥入深度数值,得到针入度,用1/10 mm表示。

(5)同一试样至少重复测定3次,各测试点之间及与试样皿边缘的距离都不得小于10 mm。每次试验前,都应将试样和平底玻璃皿放入恒温水浴中,每次测定都要用干净的针。当针入度小于200时,可将针取下用合适的溶剂擦净后继续使用;当针入度超过200时,在每个试样皿中扎一针,三个试样皿得到三个数据。或者每个试样至少用三根针,每次试验用的针留在试样中,直到三根针扎完时再将针从试样中取出。但这样测得的针入度的最高值和最低值之差,不得超过规范中关于重复性的规定。

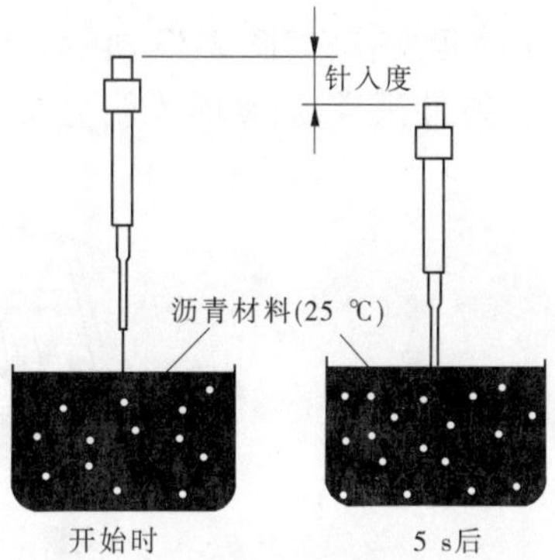

图2-32　针入度测定示意图

五、结果计算与评定

(1)以三次测定针入度的平均值取至整数,作为该沥青的针入度。三次测定的针入度值相差不应大于表2-20中的数值。

如果误差超过了表2-20规定的范围,利用第二个样品重复试验。如果结果再次超过允许值,则取消所有的试验结果,重新进行试验。

表2-20 针入度测定最大允许差值

针入度(1/10 mm)	0 ~ 49	50 ~ 149	150 ~ 249	250 ~ 350	351 ~ 500
允许差值(1/10 mm)	2	4	6	8	20

(2)试验的重复性与再现性要求。①重复性:同一操作者在同一实验室、使用同一试验仪器,对同一样品测得的两次结果,不超过平均值的4%。②再现性:不同操作者在不同实验室、用同一类型的不同仪器,对同一样品测得的两次结果不超过平均值的11%。

任务三 沥青延度检测

一、检测依据

《沥青延度测定法》(GB/T 4508—2010)。

二、检测目的

测定沥青的延度,以确定沥青的塑性,评定沥青质量。

三、仪器设备

(1)延度仪:如图2-33所示,试验时能按规定要求将试样持续浸没于水中,能以一定的速度拉伸试样,启动时无明显振动。

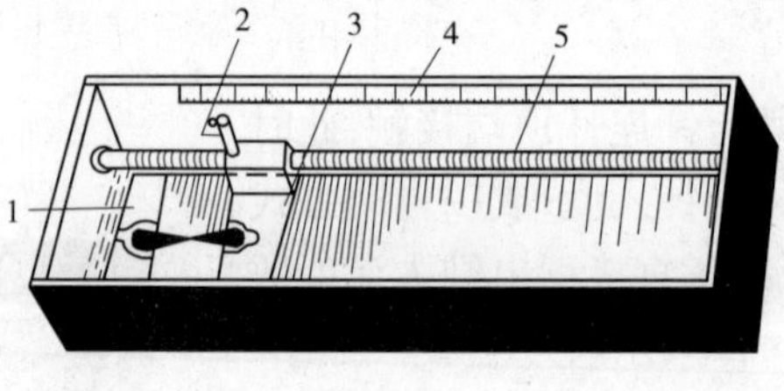

1—支板;2—指针;3—滑板;4—标尺;5—螺旋杆

图2-33 沥青延度仪

(2)试样模具:黄铜制造,由两个弧形端模和两个侧模组成,形状及尺寸如图2-34所示。

(3)恒温水浴:容量不少于10 L,控制温度±0.1 ℃。试样浸入水中深度不得小于100 mm,水浴中设置带孔的搁架以支撑试件,搁架距水浴底部不得小于50 mm。

(4)温度计:0~50 ℃,分度为0.1 ℃和0.5 ℃各一支。

(5)隔离剂:以质量计,由两份甘油和一份滑石粉调制而成。

(6)支撑板:黄铜板,一面应磨光至表面粗糙度为*Ra*0.63。

四、试样制备

延度试验时,非经特殊说明,试验温度为(25±0.5)℃,拉伸速度为(5±0.25)cm/min。

(1)将模具组装在支撑板上,将隔离剂涂于支撑板表面及侧模的内表面,以防沥青粘

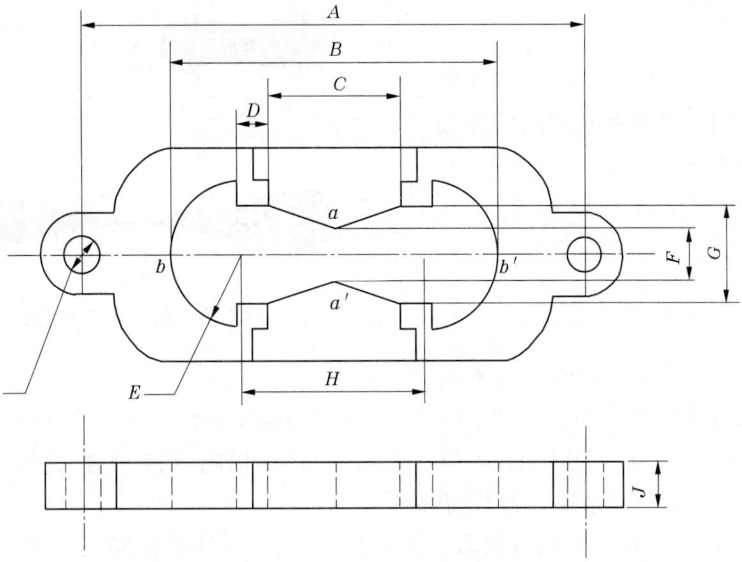

A—两端模环中心点距离 111.5 ～ 113.5 mm；B—试件总长 74.54 ～ 75.5 mm；C—端模间距 29.7～30.3 mm；D—肩长 6.8～7.2 mm；E—半径 15.75～16.25 mm；F—最小横断面宽 9.9～10.1 mm；G—端模口宽 19.8～20.2 mm；H—两半圆心间距离 42.9～43.1 mm；I—端模孔直径 6.54～6.7 mm；J—厚度 9.9～10.1 mm

图 2-34　试样模具

在模具上。板上的模具要水平放好，以便模具的底部能够充分与板接触。

(2)小心加热样品，充分搅拌以防局部过热，加热到使样品能够易于流动。煤焦油沥青样品加热温度不超过煤焦油沥青预计软化点 60 ℃，石油沥青样品加热温度不超过石油沥青预计软化点 90 ℃。样品的加热时间在不影响样品性质和在保证样品充分流动的基础上尽量短。

将熔化后的样品充分搅拌之后倒入模具中，在组装模具时要小心，不要弄乱了配件。在倒样时使试样呈细流状，自模的一端至另一端往返倒入，使试样略高出模具，将试件在空气中冷却 30～40 min，然后置于规定温度的水浴中保持 30 min 后取出，用热的直刀或铲将高出模具的沥青刮除，使试样与模具齐平。

(3)将支撑板、模具和试件一起放入水浴中，并在试验温度下保持 85～95 min，然后从板上取下试件，拆掉侧模，立即进行拉伸试验。

五、检测步骤

(1)将模具两端的孔分别套在沥青延度仪的柱上，然后以一定的速度拉伸，直到试件拉伸断裂。拉伸速度允许误差在 ±5% 以内，测量试件从拉伸到断裂所经过的距离，以 cm 表示，如图 2-35 所示。试验时，试件距水面和水底的距离不小于 2.5 cm，并且要使温度保持在规定温度的 ±0.5 ℃范围内。

(2)如果沥青浮于水面或沉入槽底，则试验不正常。应使用乙醇或氯化钠调整水的密度,使沥青材料既不浮于水面,又不沉入槽底。

(3)正常的试验应将试样拉成锥形、线形或柱形,直至在断裂时实际横断面面积接近于零或为一均匀断面。如果三次试验得不到正常结果,则报告在该条件下延度无法测定。

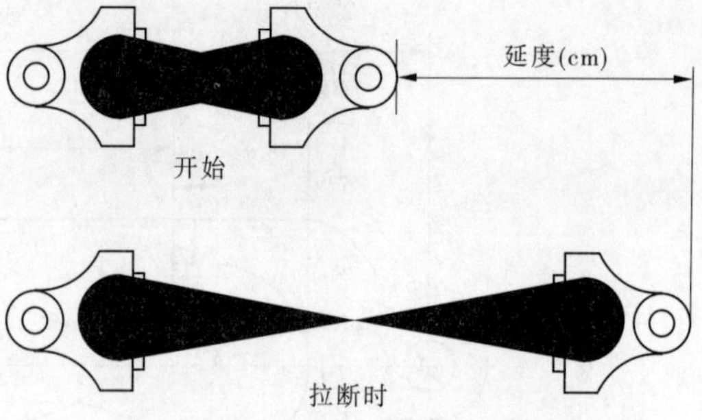

图2-35　延度测定示意图

六、结果计算与评定

(1)若3个试件测定值在其平均值的5%内,取平行测定的3个结果的平均值作为测定的结果;若3个试件测定值不在其平均值的5%以内,但其中两个较高值在平均值的5%以内,则弃去最低测定值,取两个较高值的平均值作为测定结果,否则重新测定。

(2)试验的重复性与再现性要求。①重复性:同一操作者在同一实验室、使用同一试验仪器,在不同时间对同一样品进行试验得到的结果不超过平均值的10%。②再现性:不同操作者在不同实验室、用相同类型的仪器,对同一样品进行试验得到的结果不超过平均值的20%。

任务四　沥青软化点检测

一、检测依据

《沥青软化点测定法　环球法》(GB/T 4507—2014)。

二、检测目的

测定沥青的软化点,以确定沥青的耐热性,评定沥青质量。

三、仪器设备

(1)环:黄铜肩(亦称肩环)两只,其尺寸规格见图2-36(a)。

(2)球:两只直径为9.5 mm的钢球,每只质量为(3.50±0.05) g。

(3)钢球定位器:两只钢球定位器用于使钢球定位于试样中央,其形状和尺寸见图2-36(b)。

(4)浴槽:可以加热的玻璃容器,其内径不小于85 mm,离加热底部的深度不小于120 mm。

(5)环支撑架与支架系统:一只铜支撑架(亦称支架),用于支撑两个水平位置的环,其形状和尺寸见图2-36(c);支架系统由上支撑板、铜支撑架、下支撑板用长螺栓连接而成,支架系统置于浴槽内,其装配示意见图2-36(d)。支撑架上的肩环的底部距离下支撑板的表面为25 mm,下支撑板的下表面距离浴槽底部为(16±3) mm。

(6)温度计:测温范围在30~180 ℃,最小分度值为0.5 ℃的全浸式温度计。

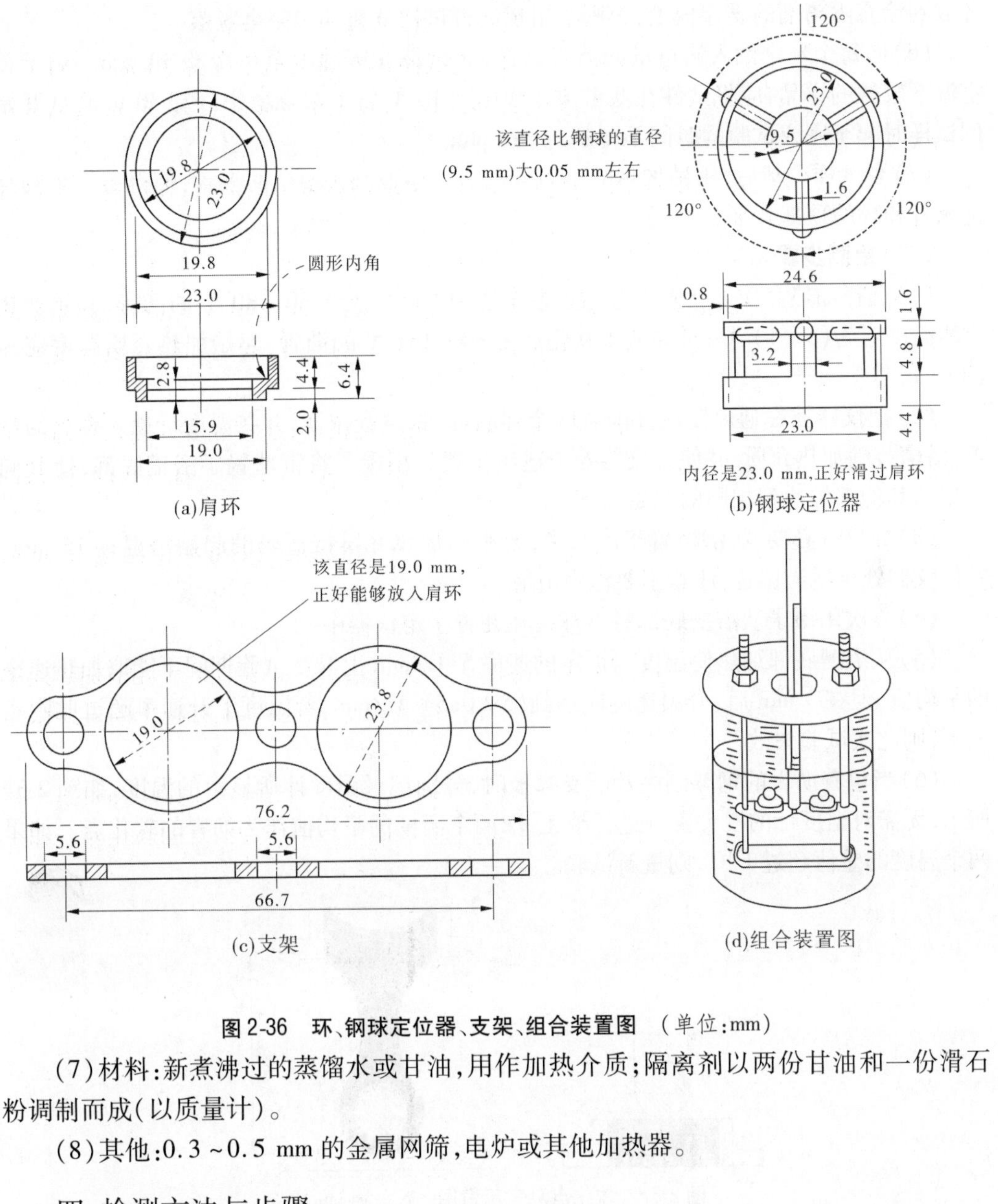

图 2-36　环、钢球定位器、支架、组合装置图　(单位:mm)

(7)材料:新煮沸过的蒸馏水或甘油,用作加热介质;隔离剂以两份甘油和一份滑石粉调制而成(以质量计)。

(8)其他:0.3 ~ 0.5 mm 的金属网筛,电炉或其他加热器。

四、检测方法与步骤

(一)准备工作

(1)样品的加热时间在不影响样品性质和保证样品充分流动的基础上应尽量短。

(2)石油沥青、改性沥青、天然沥青以及乳化沥青残留物样品加热温度不超过预计软化点 110 ℃。

(3)煤焦油沥青样品加热温度不超过煤焦油沥青预计软化点 55 ℃。

(4)如果重复试验,不能重新加热样品,应在干净的容器中用新鲜样品制备试样。

(5)若估计软化点在 120 ℃以上,应将肩环与铜支撑板预热至 80 ~ 100 ℃,然后将肩环放到涂有隔离剂的支撑板上,否则会出现沥青试样从肩环中完全脱落。

(6)向每个环中倒入略过量的沥青试样,让试件在室温下至少冷却 30 min。对于在室温下较软的样品,应将试件在低于预计软化点 10 ℃以上的环境中冷却 30 min,从开始倒试样时起至完成试验的时间不得超过 240 min。

(7)当试样冷却后,用稍加热的小刀或刮刀干净地刮去多余的沥青,使得每一个圆片饱满且和环的顶部齐平。

(二)检测步骤

(1)选择加热介质。新煮沸过的蒸馏水适用于软化点为 30 ~ 80 ℃的沥青,起始加热介质温度应为(5 ±1) ℃;甘油适于软化点为 80 ~ 157 ℃的沥青,起始加热介质温度应为(30 ±1) ℃。

(2)把仪器放在通风橱内并配置两个样品环、钢球定位器,并将温度计插入合适的位置,浴槽装满加热介质,并使各仪器处于适当位置。用镊子将钢球置于浴槽底部,使其同支架的其他部位达到相同的起始温度。

(3)如果有必要,将浴槽置于冰水中,或小心加热并维持适当的起始浴温达 15 min,并使仪器处于适当位置,注意不要污染浴液。

(4)再次用镊子从浴槽底部将钢球夹住并置于定位器中。

(5)从浴槽底部加热使温度以恒定的速率 5 ℃/min 上升。试验期间不能取加热速率的平均值,但在 3 min 后,升温速度应达到(5 ±0.5) ℃/min,若温度上升速率超过此限定范围,则此次试验失败。

(6)当包着沥青的钢球刚触及下支撑板时,分别记录温度计所显示的温度,如图 2-37 所示,无需对温度计的浸没部分进行校正,取两个温度的平均值作为沥青的软化点。如果两个温度的差值超过 1 ℃,则重新试验。

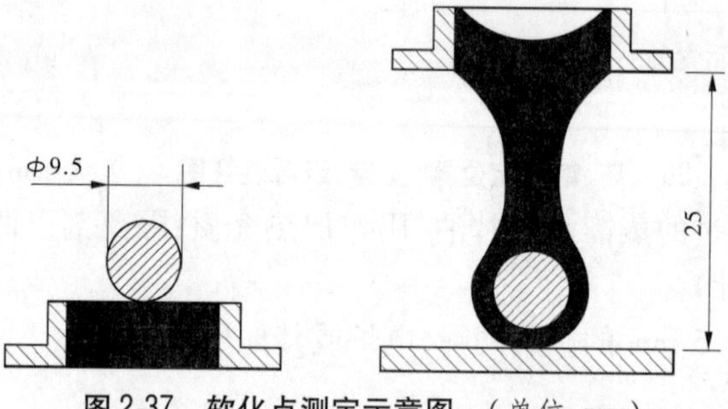

图 2-37　软化点测定示意图　(单位:mm)

五、结果计算与评定

(1)取两个结果的平均值作为测定结果,并同时报告浴槽中使用加热介质的种类。

(2)精密度(95% 置信区间)。①重复性:重复测定两次结果的差值,不得大于表 2-21 中数值。②再现性:同一试样由两个实验室各自提供的试验结果之差不应超过表 2-21 中数值。

表 2-21　精密度要求数据表

加热介质	沥青材料类型	软化点范围（℃）	重复性（最大绝对误差）（℃）	再现性（最大绝对误差）（℃）
水	石油沥青、乳化沥青残留物、焦油沥青	30 ~80	1.2	2.0
	聚合物改性沥青、乳化改性沥青残留物	30 ~80	1.5	3.5
甘油	建筑石油沥青、特种沥青等石油沥青	80 ~ 157	1.5	5.5
	聚合物改性沥青、乳化改性沥青残留物等改性沥青产品	80 ~ 157	1.5	5.5

任务五　塑性体改性沥青防水卷材检测

一、卷重、厚度、面积、外观试验

（一）检测目的

评定卷材的面积、卷重、外观、厚度是否合格。

（二）检测内容

1. 卷重

用最小分度值为 0.2 kg 的台秤称量每卷卷材的卷重。

2. 面积

用最小分度值为 1 mm 的卷尺在卷材的两端和中部测量长度、宽度，以长度、宽度的平均值，求得每卷的卷材面积。若有接头，两段长度之和减去 150 mm 为卷材长度测量值。当面积超出标准规定值的正偏差时，按公称面积计算卷重。当符合最低卷重时，也判为合格。

3. 厚度

使用 10 mm 直径接触面，单位压力为 0.2 MPa 时分度值为 0.1 mm 的厚度计测量，保持时间为 5 s。沿卷材宽度方向裁取 50 mm 宽的卷材一条在宽度方向上测量 5 点，距卷材长度边缘（150 ± 15） mm 向内各取一点，在这两点之间均分，取其余 3 点。对于砂面卷材，必须将浮砂清除，再进行测量，记录测量值，计算 5 点的平均值作为卷材的厚度。以抽取卷材的厚度总平均值作为该批产品的厚度，并记录最小值。

4. 外观

将卷材立放于平面上，用一把钢卷尺放在卷材的端面上，用另一把钢卷尺（分度值为 1 mm）垂直伸入端面的凹面处，测得的数值即为卷材端面里进外出值。然后将卷材展开按外观质量要求检查，沿宽度方向裁取 50 mm 宽的一条，胎基内不应有未被浸透的条纹。

（三）判定原则

在抽取的5卷中，各项检查结果都符合标准规定时，判定为厚度、面积、卷重、外观合格，否则卷材在该批试样中另取5卷，对不合格项进行复查，如达到全部指标合格，则判为合格，否则为不合格。

二、物理力学性能检测

（一）检测目的

评定卷材的物理性能是否合格。

（二）试样制备

在面积、卷重、外观、厚度都合格的卷材中，随机抽取一卷，切除距外层卷头2 500 mm后，顺纵向切取长度为800 mm的全幅卷材两块，一块进行物理力学性能试验，一块备用。按图2-38所示部位及表2-22中规定的数量，切取试件边缘与卷材纵向的距离不小于75 mm。

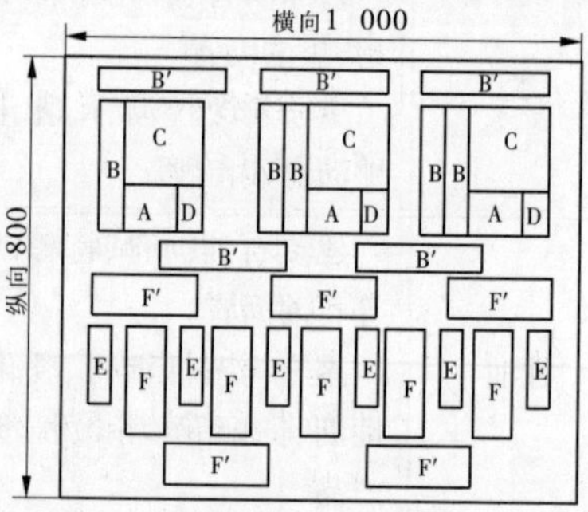

图2-38　试件切取图　（单位：mm）

表2-22　试件尺寸

试验项目	试件代号	试件尺寸(mm×mm)	数量(个)
可溶物含量	A	100×100	3
拉力及延伸率	B、B′	250×50	纵、横各5
不透水性	C	150×150	3
耐热度	D	100×50	3
低温柔度	E	150×25	6
撕裂强度	F、F′	200×75	纵、横各5

（三）检测内容

1. 可溶物含量试验

1）溶剂

四氯化碳、三氯甲烷或三氯乙烯（工业纯或化学纯）。

2）试验仪器

分析天平（感量0.001 g）、萃取器（500 mL索氏萃取器），电热干燥箱（0～300 ℃，精度为±2 ℃），滤纸（直径不小于150 mm）。

3）试验步骤

将切好的三块试件（A）分别用滤纸包好，用棉线捆扎，分别称重、记录数据。将滤纸包置于萃取器中，溶剂量为烧瓶容量的1/2～1/3，进行加热萃取，直至回流的液体呈浅色，取出滤纸包让溶剂挥发，放入预热至105～110 ℃的电热干燥箱中干燥1 h，再放入干燥器中冷却至室温称量滤纸包。

4）计算

可溶物含量按式（2-43）计算：

$$A = K(G - P) \tag{2-43}$$

式中　A——可溶物含量,g/m^2;

G——萃取前滤纸包质量,g;

P——萃取后滤纸包质量;g;

K——系数,1/m^2。

以三个试件可溶物含量的算术平均值作为卷材的可溶物含量。

2. 拉力及断裂延伸率试验

1)试验设备及仪器

拉力试验机:能同时测定拉力及延伸率,测量范围为 0 ~ 2 000 N,最小分度值不大于 5 N,伸长率范围应能使夹具 180 mm 间距伸长一倍,夹具夹持宽度不小于 50 mm。

2)试验步骤

将切取好的试件放置在试验温度下不少于 24 h;用校准试验机(拉伸速度为 50 mm/min)将试件夹持在夹具中心,不得歪扭,上下夹具间距为 180 mm;开动试验机,拉伸至试件拉断。记录拉力及最大拉力时的延伸率。

3)最大拉力及最大拉力时延伸率的计算

分别计算纵向及横向各 5 个试件的最大拉力的算术平均值,作为卷材纵向和横向的拉力(N/50 mm)。最大拉力时的延伸率按式(2-44)计算:

$$E = \frac{L_1 - L_0}{L} \times 100\% \tag{2-44}$$

式中　E——最大拉力时的延伸率(%);

L_1——试件拉断时夹具的间距,mm;

L_0——试件拉伸前夹具的间距,mm;

L——上下夹具间的距离,一般取 180 mm。

分别计算纵向及横向各 5 个试件的最大拉力时的延伸率值的算术平均值,作为卷材纵向及横向的最大拉力时的延伸率。

3. 不透水性试验

1)试验仪器

油毡不透水仪:具有三个透水盘(底盘内径为 92 mm),金属压盖上有 7 个均匀分布的、直径为 25 mm 的透水孔;压力表示值范围 0 ~ 0.6 MPa,精度为 2.5 级。

2)试验步骤

在规定压力、规定时间内,试件表面无透水现象为合格。卷材的上表面一般为迎水面;上表面为砂面、矿物粒料时,下表面作为迎水面;下表面为细砂时,在细砂面沿密封圈的一圈除去表面浮砂,然后涂一圈 60 ~ 100 号的热沥青,涂平、冷却 1 h 后进行试验。

4. 耐热度试验

1)试验仪器

主要设备有电热恒温箱。

2)试验步骤

将 50 mm × 100 mm 的试件垂直悬挂在预先加热至规定温度的电热恒温箱内,加热 2

h后取出,观察涂盖层有无滑动、流淌、滴落,任一端涂盖层不应与胎基发生位移,试件下端应与胎基平齐,无流挂、滴落。

5. 低温柔度试验

1)试验仪器及用具

低温制冷仪(控温范围为0~30 ℃,精度为±2 ℃);半导体温度计(量程为30~40 ℃,精度为5 ℃);柔度棒或柔度弯板(半径为15 mm和25 mm两种,示意图如图2-39所示);冷冻液(不与卷材发生反应)等。

2)试验步骤

(1)A法(仲裁法):在不小于10 L的容器内放入冷冻液(6 L以上),将容器放入低温制冷仪中,冷却至标准规定的温度。然后将试件与柔度棒(板)同时放在液体中,待温度达到标准规定的温度时,至少保持0.5 h,将试件置于液体中,在3 s内匀速绕柔度棒或将弯板弯曲180°。

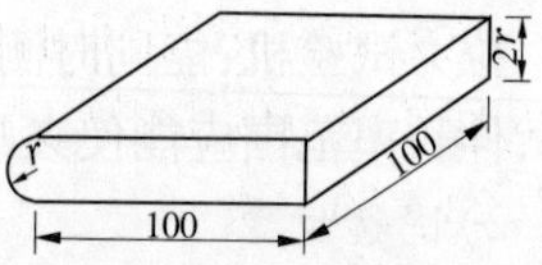

图2-39　柔度弯板示意图

(单位:mm)

(2)B法:将试件和柔度棒(板)同时放入冷却至标准规定的低温制冷仪内的液体中,待温度达到标准规定的温度后,保持时间不少于2 h。在低温制冷仪中,将试件在3 s内匀速绕柔度棒或将弯板弯曲180°。

柔度棒(板)的直径根据卷材的标准规定选取,6块试件中,3块试件上表面、另3块试件下表面与柔度棒(板)接触,取出试件后用目测观察试件涂盖层有无裂缝。

6. 撕裂强度试验

1)试验仪器

拉力试验机(上下夹具间距为180 mm),试验温度为(23±2) ℃。

2)试验步骤

将切好的试件用切刀或模具裁成如图2-40所示的形状,然后在试验温度下放置不少于24 h;用校准试验机(拉伸速度50 mm/min)将试件夹持在夹具中心,不得歪扭,上下夹具间距为130 mm;开动试验机,进行拉伸直至试件撕裂,记录拉力。

3)结果计算

分别计算纵向及横向各5个试件的最大拉力的算术平均值作为卷材纵向或横向撕裂强度,单位为N。

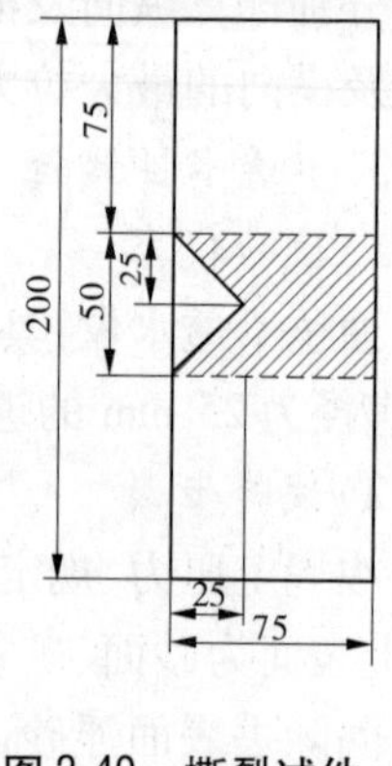

图2-40　撕裂试件

(单位:mm)

(四)物理性能评定

(1)可溶物含量、拉力及拉伸强度、低温柔性、最大拉力时延伸率等各项结果的平均值达到规定时,判定为该项指标合格。

(2)不透水性、耐热度每组3个试件分别达到标准规定时,判定为指标合格。

(3)低温柔度 6 个试件中至少 5 个试件达到标准规定时,判定为该项指标合格。

任务六 沥青检测记录表

沥青检测原始记录表见表 2-23。

表 2-23 沥青检测原始记录表

检测编号		检测性质	
检测地点		送样日期	
产品标号		检测日期	
主要仪器设备			
设备状态		检测依据	
样品状态		温度____ ℃	相对湿度____%

针入度(0.1 mm)

1	2	3	4	5	6	平均

软化点(℃)			延度(cm)			
1	2	平均	1	2	3	平均

密度(g/cm³)	试验次数	比重瓶重 m_1(g)	比重瓶加水重 m_2(g)	比重瓶加沥青重 m_4(g)	比重瓶加沥青加水重 m_5(g)	水温度(℃)	沥青密度(g/cm³)	平均值(g/cm³)
	1							
	2							

附注	

检测人:________________ 校核人:____________________

第三部分　综合职业能力训练

项目一　概　述

一、实训目的

建筑材料是一门综合性、实践性、技能性较强的课程，实训是重要的技能要求。通过综合实训，掌握不同建筑材料的检测原理、方法和步骤，掌握编写材料检测报告的技巧，提高学生的实际动手能力，培养学生独立分析问题和解决问题的能力。具体可达到如下的职业能力目标。

(一)专业能力目标

(1)能运用现行标准分析问题。

(2)能独立完成水泥、骨料、混凝土材料的试验操作。

(3)能对水泥、骨料、混凝土的试验数据进行处理。

(4)能填写好合格的试验报告。

(5)能根据工程要求及测得的水泥、骨料的性能设计混凝土的配合比。

(6)能独立完成一份实训报告书。

(二)方法能力目标(包括社会能力)

(1)了解实验室的管理规定。

(2)掌握试验仪器的使用和管理。

(3)能独立制订工作计划并进行实施。

(4)能运用所学知识解决实际问题。

(5)具有决策、规划能力。

(6)具备整体与创新思维能力。

(7)能按照正确步骤进行试验操作，养成操作规范的习惯。

(8)能够从工作岗位获取新的知识，胜任工作岗位。

(9)具备吃苦耐劳、团结协作、勇于创新的精神。

(10)具有合作精神和管理协调能力、优良的职业道德修养，能遵守职业道德规范，具备良好的心理素质。

总之，通过综合实训，基于材料检测实际工作过程，让学生练习常用建筑材料的检验委托、试验、试验结果分析、报告的编制与审核、试验报告的发放等整个过程，培养学生的实际工作能力，使学生的综合试验技能和动手能力得到提高、加强，综合素质得到提高，以便学生将来毕业后即可顶岗工作。

二、实训要求

(1)严格遵守实验室管理规定，不乱动、乱摸，爱护试验设备和仪器，注意安全。

(2)实训期间,作息时间按日常上下课时间,不大声喧哗、打闹、旷课,一经发现,成绩按不及格论。

(3)树立科学、严谨、实事求是的学习作风,对检测数据如实整理。

(4)严格按照试验规程操作、严禁违规操作。

(5)独立完成实训成果的汇总整理和装订,不抄袭。

(6)实训期间应积极主动,互相配合,不能互相推诿。

三、实训组织与保证措施

(一)实训组织

为保证实训的顺利进行,根据实训内容,以班为单位,每班分三个大组,设大组长一名,每个大组分四小组,各小组设小组长一名。为提高实训效果,班级以班长和课代表为总负责人,负责班级课堂考勤和表现;每一实训小组组长为组内负责人,负责小组考勤和表现以及任务分工安排。

(二)实训保证措施

(1)遵守学院纪律,严格进行考勤。

(2)实训前认真阅读任务书及指导书,及时掌握实训内容和要求;实训时及时进行结果整理,对实训中出现的问题及时分析、解决。

(3)一丝不苟,团结奋进。

(4)大胆负责,勇于承担责任。

四、实训任务

给定某一实际工程中混凝土的性能要求,利用工程现场原材料,按照实际工程要求,完成各种材料的检测任务,并提出混凝土配合比设计。主要任务如下:

(1)对工程原材料进行性能检测,获得技术指标,填写检测报告。

(2)进行混凝土配合比设计。

(3)编写实训报告。

五、实训时间安排

本次实训集中进行,每班1周,具体安排见表3-1。

表3-1 实训任务时间安排表

时间	主要项目	地点
第1天	布置任务、熟悉资料、查找学习规范	教室、图书馆
第2天	水泥、砂石骨料指标测定	实训中心
第3天	混凝土初步配合比计算	教室、图书馆
第4天	混凝土试配、调整、强度试件制作等	实训中心
第5天	编写实训报告、答辩	教室、图书馆

六、成绩考核

实训将分成小组进行,按照小组综合表现、个人承担任务及表现综合进行考核。

考核成绩以完成的实训报告(40%)、实训中的表现(40%)及考核(20%)三项为基础计分,各单项满分均为100分,总成绩为三项的加权分,划分为优秀(90~100分)、良好(80~90分)、中等(70~80分)、及格(60~70分)、不及格(60分以下)五等。

实训报告评定主要包括:检测原始数据的合理性(40%)、数据处理的正确性(20%)、混凝土配合比设计的合理性(15%)、仪器操作的规范性(15%)和报告排版(10%);实训中的表现主要包括实训期间的出勤率(70%)和动手能力(30%);考核主要包括答辩和现场操作(参加答辩的不再参加现场操作,参加操作的不再参加答辩)。具体考核标准见表3-2。

表3-2 实训成绩评定等级标准

等级	考核标准
优秀	能很好地完成实训规定的工作;工作态度认真,勤学好问,遵守纪律;配合比设计方案可行,设计认真、材料检测方法正确、数据合理,内容符合要求、按时完成;实训报告书条理性强、符合工程设计步骤、有较高的质量;答辩过程陈述清晰,对所提问题均能够一一详细作答;全勤
良好	能较好地完成实训规定的工作;工作态度较认真,能勤学好问,遵守纪律;配合比设计方案可行,设计较认真、材料检测方法正确、数据较合理,内容符合要求、能按时完成;实训报告书条理性较强、符合工程设计步骤、有较高的质量;答辩过程陈述清晰,对所提问题均能够一一作答;全勤
中等	能完成实训规定的工作;工作态度较好,遵守纪律;配合比设计方案基本可行,设计较认真、材料检测方法基本正确、数据较合理,内容基本符合要求、能按时完成;能够完成实训报告的编写、基本符合工程设计步骤;答辩过程能够陈述所做内容,对所提问题均能够作答;全勤
及格	能完成实训规定的工作;遵守纪律;配合比设计方案基本可行,材料检测方法基本正确、数据较合理,内容基本符合要求;能够完成实训报告的编写、基本符合工程设计步骤;答辩过程基本能够陈述所做内容,对所提问题大部分能够作答;全勤
不及格	不能完成实训规定的工作;不遵守纪律;配合比设计方案不合理,材料检测方法不正确、数据不够合理;没有完成实训报告书的编写;答辩过程基本能够陈述所做内容,对所提问题大部分都不能够作答;实训过程中有1/3时间未到(包括请假)

七、实训成果

实训结束,提交实训报告一份。内容包括工程概况、原材料检测过程、检测结果、混凝土配合比设计过程、设计结果等。

项目二 工程项目基本资料

工程项目基本资料见表 3-3。

表 3-3 工程项目基本资料

委托单位	×××水利工程有限公司	委托人	×××
见证单位	×××工程建设监理有限公司	见证人	×××
工程名称	×××防潮堤工程		
原材料情况			
水泥	×××水泥厂，复合硅酸盐水泥，强度等级为 32.5		
砂	×××河砂，中砂		
石子	碎石 5～20 mm、20～40 mm		
混凝土配合比设计要求	水工混凝土，强度等级 C30W4F150；坍落度 $T=30\sim50$ mm；工程部位：齿墙、护坡、护底、压顶等		

任务一 熟悉资料，做好检测准备

学生拿到实训要求后，应详细阅读基本资料，明确本次实训的要求和任务，并根据工程实际检测项目要求，进行各种检测报告及实验记录表格的设计。同时，查询相应的规范、规程，做好分组、任务的分配等工作，做好全面准备工作。

任务二 原材料性能检测

一、水泥性能检测

对水泥的细度、标准稠度用水量、凝结时间、体积安定性进行检验；进行水泥胶砂强度检验，实测水泥的强度，判定所选水泥是否合格，完成检测报告的编制，同时为混凝土配合比设计提供依据。检测方法、过程、步骤详见第二部分项目一，检测原始记录表格参考样式见表 2-1，检测报告表参考样式见表 3-6。

二、骨料性能检验

（1）砂子性能检测：进行试样制备，颗粒级配、表观密度、堆积密度等的检测，评定砂的质量，计算出细度模数和堆积密度，完成检测报告的编制，同时为混凝土配合比设计提供依据。检测方法、过程、步骤详见第二部分项目二，检测原始记录表格参考样式见表 2-3，检测报告表参考样式见表 3-7。

（2）石子性能检测：进行石子颗粒级配、表观密度、堆积密度等的试验，完成检测报告的编制,同时为混凝土配合比设计提供依据。检测方法、过程、步骤详见第二部分项目三,检测原始记录表格参考样式见表2-12,检测报告表参考样式见表3-8。

任务三　混凝土配合比设计

一、初步配合比的设计

根据水泥、砂子、石子的实测资料,进行初步配合比设计。

(一)确定混凝土的配制强度($f_{cu,0}$)

在正常施工条件下,受人工、材料、机械、工艺、环境等因素的影响,混凝土的质量总是会产生波动,经验证明,这种波动符合正态分布。

为使混凝土的强度保证率能满足规定的要求,在设计混凝土配合比时,必须使混凝土的试配强度$f_{cu,0}$高于设计强度等级$f_{cu,k}$,可按式(3-1)估计:

$$f_{cu,0} = f_{cu,k} + t\sigma \tag{3-1}$$

式中 $f_{cu,0}$——混凝土配制强度,MPa;

$f_{cu,k}$——混凝土设计龄期要求的强度等级, MPa;

σ——混凝土立方体抗压强度标准差,MPa,宜按同品种混凝土抗压强度统计资料确定,当无近期同品种混凝土抗压强度统计资料时,可参考表3-4取值;

t——概率度系数,由给定的保证率P选定,见表3-5。

当设计龄期为28 d,抗压强度保证率P为95%时,$t=1.645$,式(3-1)变为:

$$f_{cu,0} = f_{cu,k} + 1.645\sigma \tag{3-2}$$

表3-4　混凝土强度标准差σ值(DL/T 5330—2015)　(单位:MPa)

设计龄期混凝土抗压强度标准值$f_{cu,k}$	≤15	20 ~ 25	30 ~ 35	40 ~ 45	≥50
混凝土抗压强度标准差σ	3.5	4.0	4.5	5.0	5.5

注:施工中应根据现场施工时段强度的统计结果调整σ值。

表3-5　保证率和概率度系数关系

保证率P(%)	70.0	75.0	80.0	84.1	85.0	90.0	95.0	97.7	99.9
概率度系数t	0.525	0.675	0.840	1.0	1.040	1.280	1.645	2.0	3.0

(二)确定混凝土水胶比$w/(c+p)$

混凝土的水胶比应根据设计对混凝土性能的要求和环境水侵蚀类型,通过试验确定,并应符合《水工混凝土施工规范》(DL/T 5144—2015)、《水工混凝土耐久性技术规范》(DL/T 5241—2010)的规定。

(1)满足强度要求的水胶比:当无试验资料时,不掺掺合料的常态混凝土的初选水胶比可按表3-9选取;掺掺合料时混凝土的最大水胶比应根据掺合料的品种适当调整,并通过试验确定。

表 3-6　普通硅酸盐水泥检测报告表

报告编号：　　　　　　　　　　　　　　　　　　　　　　　　共　页　第　页

委托单位		送样人	
见证单位		见证人	
工程名称		工程部位	
样品名称	普通硅酸盐水泥	生产厂家	
强度等级		送样日期	
样品状态、质量	粉状、干燥，符合检测要求；18 kg	检测日期	
检测性质	委托检测	完成日期	
主要检测设备			
检测项目	比表面积、标准稠度用水量、凝结时间、安定性、胶砂强度		
检测依据			
环境条件			
检测结论			

检测项目		评定标准	检测结果						结论
密度（g/cm^3）									
比表面积（m^2/kg）									
标准稠度用水量（%）									
凝结时间	初凝（min）								
	终凝（min）								
安定性（标准法）（mm）									
烧失量（%）									
三氧化硫（%）									
胶砂强度	抗折强度（MPa）		单块值					平均值	
	抗压强度（MPa）		单块值					平均值	
备注	1. 检测项目及所用标准均由委托方指定 2. 委托检测仅对来样负责								

批准人：＿＿＿＿＿＿　　　审核人：＿＿＿＿＿＿　　　报告人：＿＿＿＿＿＿

检测单位：（盖章）

表3-7　水工细骨料检测报告表

报告编号:　　　　共　页　第　页

委托单位		送样人	
见证单位		见证人	
工程名称		工程部位	
样品名称		生产厂家	
强度等级		送样日期	
样品状态、质量		检测日期	
检测性质		完成日期	
主要检测设备			
检测项目			
检测依据			
环境条件			
检测结论			

检测项目	评定标准		检测结果
含泥量(%)	设计龄期强度等级≥30 MPa和有抗冻要求的	≤3	
	设计龄期强度等级<30 MPa	≤5	
泥块含量(%)	不允许		
坚固性(%)	有抗冻要求的混凝土	≤8	
	无抗冻要求的混凝土	≤10	
表观密度(kg/m^3)	≥2 500		
堆积密度(kg/m^3)	—		
空隙率(%)	—		
云母含量(%)	≤2		
硫酸盐及硫化物含量(%)	≤1		
轻物质含量(%)	≤1		
含水率(%)	—		
饱和面干吸水率(%)	—		
有机质含量	浅于标准色		

颗粒级配

筛孔尺寸(mm)	10	5	2.5	1.25	0.63	0.315	0.16	检测结果
分计筛余百分率(%)	—							细度模数
累计筛余百分率(%)	—							

批准人:__________　　审核人:__________　　报告人:__________

检测单位:(盖章)

表 3-8　水工粗骨料检测报告表

报告编号：　　　　　　　　　　　　　　　　　　共　页　第　页

委托单位		送样人	
见证单位		见证人	
工程名称		工程部位	
样品名称		生产厂家	
强度等级		送样日期	
样品状态、质量		检测日期	
检测性质		完成日期	
主要检测设备			
检测项目			
检测依据			
环境条件			
检测结论			

检测项目	评定标准			检测结果
含泥量(%)	D_{20}、D_{40}粒径级		≤1	
	D_{80}、D_{150}、D_{120}粒径级		≤0.5	
泥块含量(%)	不允许			
坚固性(%)	有抗冻要求和侵蚀作用的混凝土		≤5	
	无抗冻要求的混凝土		≤12	
表观密度(kg/m^3)	≥2 550			
堆积密度(kg/m^3)	—			
空隙率(%)	—			
压碎指标(%)	变质岩	设计龄期混凝土抗压强度等级≥30 MPa	设计龄期混凝土抗压强度等级<30 MPa	
		≤12	≤20	
	沉积岩	≤10	≤16	
	岩浆岩	≤13	≤30	
针片状颗粒含量(%)	≤15			
软弱颗粒含量(%)	—			
硫酸盐及硫化物含量(%)	≤0.5			
饱和面干吸水率(%)	—			
有机质含量	浅于标准色			

颗粒级配						
筛孔尺寸(mm)	120	80	40	20	10	5
分计筛余百分率(%)						
累计筛余百分率(%)						

超、逊径含量	标准(原孔筛检验)	检测结果
超径含量(%)	<5	
逊径含量(%)	<10	

批准人：＿＿＿＿＿　　审核人：＿＿＿＿＿　　报告人：＿＿＿＿＿

检测单位：(盖章)

表 3-9　不同强度等级的常态混凝土初选水胶比

28 d 设计龄期混凝土抗压强度标准值(MPa)	水胶比
$f_{cu,k} \leqslant 20$	0.45~0.60
$20 < f_{cu,k} \leqslant 30$	0.40~0.55
$30 < f_{cu,k} < 50$	0.35~0.45
$f_{cu,k} \geqslant 50$	<0.35

注:1. 本表适用于使用 42.5 强度等级的通用硅酸盐水泥、中热硅酸盐水泥、不掺掺合料的混凝土,水胶比的选择还应考虑所用水泥的强度等级、掺合料品种及掺量、外加剂品种及掺量、骨料种类等因素。

2. 当使用 32.5 强度等级的矿渣硅酸盐水泥、火山灰质硅酸盐水泥、粉煤灰硅酸盐水泥或复合硅酸盐水泥,以及低热硅酸盐水泥时,混凝土水胶比宜适当降低;当使用 52.5 强度等级通用硅酸盐水泥时,混凝土水胶比宜适当增大;C50 以上混凝土宜采用 42.5 及以上强度等级通用硅酸盐水泥或中热硅酸盐水泥。

3. 当设计龄期大于 28 d 时,混凝土水胶比宜适当增加。

(2)满足耐久性要求的水胶比:根据表 3-10、表 3-11 分别查出满足环境水侵蚀、抗冻性要求的水胶比值,与表 3-12 对照,取三者中的小值作为满足耐久性要求的水胶比。

(3)同时满足强度、耐久性要求的水胶比,取上述(1)、(2)结论中的小值。

表 3-10　耐侵蚀混凝土的技术要求(DL/T 5241—2010)

侵蚀程度	适宜用的水泥品种及掺合料	最大水胶比	抗渗等级
弱侵蚀	硅酸盐水泥或普通硅酸盐水泥,并采取下列措施之一: (1)掺磨细矿渣粉; (2)掺粉煤灰; (3)掺硅灰	0.50	≥W8
	抗硫酸盐水泥(C_3A 小于 5%)	0.50	
中等侵蚀	中抗硫酸盐水泥,或熟料中 C_3A 含量小于 8% 的硅酸盐水泥或普通硅酸盐水泥,并采取下列措施之一: (1)掺磨细矿渣粉; (2)掺粉煤灰; (3)掺硅灰	0.45	≥W10
	高抗硫酸盐水泥	0.45	

表 3-11　有抗冻要求的混凝土最大水胶比(DL/T 5241—2010)

抗冻等级	F300	F200	F100	F50
最大水胶比	0.45	0.50	0.55	0.58

表 3-12 水工混凝土的最大允许水胶比(DL/T 5057—2009)

环境类别	一	二	三	四	五
最大水胶比	0.60	0.55	0.50	0.45	0.40

注:1. 结构类型为薄壁或薄腹构件时,最大水胶比应适当减小。

2. 处于三、四、五类环境条件又受冻严重或受冲刷严重的结构,最大水胶比应按照 DL/T 5082 的规定执行。

3. 水力梯度较大的结构,最大水胶比应适当减小。

(三)确定用水量(m_{w0})和外加剂用量(m_{a0})

(1)常态混凝土(混凝土拌和物坍落度在 10 ~ 100 mm)每立方米用水量应符合下列规定:

①当水胶比为 0.40 ~ 0.65 时,无试验资料,可根据施工要求的坍落度值和已知的粗骨料种类及最大粒径,其初选用水量可按表 3-13 选取。

②对于水胶比小于 0.40 的混凝土以及采用特殊成型工艺的混凝土用水量应通过试验确定。

表 3-13 常态混凝土初选用水量表(DL/T 5330—2015) (单位:kg/m³)

混凝土坍落度(mm)	卵石最大粒径(mm)				碎石最大粒径(mm)			
	20	40	80	150	20	40	80	150
10 ~ 30	160	140	120	105	175	155	135	120
30 ~ 50	165	145	125	110	180	160	140	125
50 ~ 70	170	150	130	115	185	165	145	130
70 ~ 90	175	155	135	120	190	170	150	135

注:1. 本表适用于细度模数为 2.6 ~ 2.8 的天然中砂,当使用细砂或粗砂时,用水量需增加或减少 3 ~ 5 kg/m³。

2. 采用人工砂时,用水量需增加 5 ~ 10 kg/m³。

3. 采用Ⅰ级粉煤灰时,用水量可减少 5 ~ 10 kg/m³。

4. 采用外加剂时,用水量应根据外加剂的减水率做适当调整,外加剂的减水率应通过试验确定。

5. 本表适用于骨料含水状态为饱和面干状态。

(2)坍落度大于 90 mm 的混凝土的用水量宜按下列步骤计算:

以表 3-13 中坍落度 90 mm 的用水量为基础,按坍落度每增大 20 mm、用水量增加 5 kg/m³,计算出未掺外加剂时的混凝土用水量。

掺外加剂时,每立方米用水量(m_{w0})可按式(3-3)计算:

$$m_{w0} = m_{w0}'(1 - \beta) \tag{3-3}$$

式中 m_{w0}——初步配合比每立方米混凝土的用水量,kg;

m_{w0}'——未掺外加剂时的每立方米混凝土用水量,kg;

β——外加剂的减水率(%)。

(3)每立方米混凝土中外加剂用量(m_{a0})应按式(3-4)计算:

$$m_{a0} = (m_{c0} + m_{p0})P_a \tag{3-4}$$

式中　m_{a0}——初步配合比每立方米混凝土中外加剂用量,kg;

$m_{c0}+m_{p0}$——初步配合比每立方米混凝土中胶凝材料用量,kg;

P_a——外加剂掺量(%),应通过试验确定。

(四)计算混凝土胶凝材料用量

混凝土中胶凝材料用量按式(3-5)~式(3-7)计算:

$$m_{c0}+m_{p0}=\frac{m_{w0}}{w/(c+p)} \tag{3-5}$$

$$m_{p0}=(m_{c0}+m_{p0})P_m \tag{3-6}$$

$$m_{c0}=(1-P_m)m_{p0} \tag{3-7}$$

式中　m_{c0}、m_{p0}——初步配合比每立方米混凝土中水泥、掺合料用量,kg;

m_{w0}——初步配合比每立方米混凝土中的用水量,kg;

$w/(c+p)$——混凝土水胶比;

P_m——矿物掺合料掺量(%),应通过试验确定。

将计算出的水泥用量和表3-14规定的混凝土最小水泥用量比较,取两者中大值作为每立方米混凝土中水泥用量。

表3-14　水工混凝土的最小水泥用量(DL/T 5057—2009)

环境类别	最小水泥用量(kg/m³)		
	素混凝土	钢筋混凝土	预应力混凝土
一	200	220	280
二	230	260	300
三	260	300	340
四	280	340	360
五	300	360	380

注:当混凝土中加入活性掺合料或能提高耐久性的外加剂时,可适当降低最小水泥用量。

(五)确定砂率(S)

1. 计算法

测得混凝土所用砂、石的表观密度和堆积密度,求出石子的空隙率,按以下原理计算砂率,砂子填充石子空隙并略有剩余。即

$$S=\frac{m_s}{m_s+m_g}=\frac{k\rho_s'P}{k\rho_s'P+\rho_g'}\times 100\% \tag{3-8}$$

式中　S——砂率(%);

m_s、m_g——每立方米混凝土中砂、石用量,kg;

ρ_s'、ρ_g'——砂、石的堆积密度,kg/m³;

P——石子的空隙率(%);

k——拨开系数(又称富裕系数),$k=1.1\sim1.4$,用碎石及粗砂取大值。

2. 试验法

在用水量和水胶比不变的条件下，拌制 5 组以上不同砂率的试样，每组相差 2% ~ 3%，测出各组的坍落度或维勃稠度。在坐标上绘出砂率与坍落度(或维勃稠度)关系图，从曲线上找出极大值所对应的砂率即为所求的最优砂率。

3. 查实践资料法

当常态混凝土坍落度小于 10 mm 时，其砂率应经试验确定；当混凝土坍落度为 10 ~ 60 mm 时，其砂率可根据粗骨料品种、最大公称粒径及水胶比按表 3-15 初选并通过试验最后确定；当混凝土坍落度大于 60 mm 时，其砂率可经试验确定，也可在表 3-15 的基础上，按坍落度每增大 20 mm、砂率增大 1% 的幅度予以调整。

表 3-15 水工常态混凝土砂率初选表(DL/T 5330—2015) (%)

骨料最大粒径	水胶比			
(mm)	0.40	0.50	0.60	0.70
20	36 ~ 38	38 ~ 40	40 ~ 42	42 ~ 44
40	30 ~ 32	32 ~ 34	34 ~ 36	36 ~ 38
80	24 ~ 26	26 ~ 28	28 ~ 30	30 ~ 32
150	20 ~ 22	22 ~ 24	24 ~ 26	26 ~ 28

注：1. 本表适用于卵石、细度模数为 2.6 ~ 2.8 的天然中砂拌制的混凝土。

2. 砂的细度模数每增减 0.1，砂率相应增减 0.5% ~1.0%。

3. 使用碎石时，砂率需增加 3% ~5%。

4. 使用人工砂时，砂率需增加 2% ~3%。

5. 掺用引气剂时，砂率可减小 2% ~3%；掺用粉煤灰时，砂率可减小 1% ~2%。

(六)计算粗骨料、细骨料用量(m_{g0}、m_{s0})

1. 体积法

基本原理是混凝土拌和物的体积等于各组成材料绝对体积及拌和物中所含空气的体积之和。

(1)每立方米混凝土中粗、细骨料的绝对体积为：

$$V_{s,g} = 1 - (m_{w0}/\rho_w + m_{c0}/\rho_c + m_{p0}/\rho_p + \alpha) \tag{3-9}$$

细骨料用量：

$$m_{s0} = V_{s,g} S_v \rho_s \tag{3-10}$$

粗骨料用量：

$$m_{g0} = V_{s,g}(1 - S_v)\rho_g \tag{3-11}$$

式中 $V_{s,g}$——砂、石的绝对体积，m^3；

m_{p0}——初步配合比中每立方米混凝土的掺合料用量，kg；

m_{c0}——初步配合比中每立方米混凝土的水泥用量，kg；

m_{s0}——初步配合比中每立方米混凝土的细骨料用量，kg；

m_{g0}——初步配合比中每立方米混凝土的粗骨料用量，kg；

m_{w0}——初步配合比中每立方米混凝土的用水量，kg；

ρ_c——水泥密度，kg/m^3；

ρ_p——矿物掺合料密度，kg/m^3；

ρ_g——粗骨料的饱和面干表观密度，kg/m^3；

ρ_s——细骨料的饱和面干表观密度，kg/m^3；

ρ_w——水的密度，kg/m^3；

α——每立方米混凝土中含有的空气体积，m^3，在不使用引气剂或引气型外加剂时，α 可取 0.01；

S_v——体积砂率（%）。

（2）粗骨料各级石子用量按选定的级配比例计算。

2. 质量法

基本原理是单位体积混凝土拌和物的质量等于各组成材料质量之和。根据经验，如果原材料情况比较稳定，所配制的混凝土拌和物的表观密度接近一个固定值，可假设每立方米混凝土拌和物的质量为 $m_{c,e}$，按式（3-12）~式（3-14）计算。

（1）每立方米混凝土中骨料总质量：

$$m_{s,g} = m_{c,e} - (m_{w0} + m_{c0} + m_{p0}) \tag{3-12}$$

细骨料用量：

$$m_{s0} = m_{s,g} S_m \tag{3-13}$$

粗骨料用量：

$$m_{g0} = m_{s,g} - m_{s0} \tag{3-14}$$

式中　$m_{s,g}$——每立方米混凝土中骨料总质量，kg；

S_m——质量砂率（%）；

$m_{c,e}$——每立方米混凝土拌和物的质量假定值，kg，可按表 3-16 中数值选取；

其余符号意义同前。

表 3-16　每立方米混凝土拌和物的假定质量（DL/T 5330—2015）　（单位：kg/m^3）

混凝土种类	石子最大粒径（mm）				
	20	40	80	120	150
普通混凝土	2 380	2 400	2 430	2 450	2 460
引气混凝土	2 280（5.5%）	2 320（4.5%）	2 350（3.5%）	2 380（3.0%）	2 390（3.0%）

注：1. 本表适用于骨料表观密度为 2 600 ~ 2 650 kg/m^3 的混凝土。

2. 骨料表观密度每增减 100 kg/m^3，混凝土拌和物质量相应增减 60 kg/m^3；混凝土含气量每增减 1%，拌和物质量相应减增 1%。

3. 表中括弧内的数字为引气混凝土的含气量。

（2）粗骨料各级石子用量按选定的级配比例计算。

（七）写出初步配合比

（略）

二、基准配合比设计

按初步配合比计算出每盘混凝土各种材料用量进行试配。试配应采用工程中实际采用的原材料及搅拌方法，试配每盘混凝土的最小搅拌量应符合表 3-17 的规定。当采用机械拌和时，其拌和量不宜小于拌和机额定量的 1/4。

表 3-17　混凝土试配时的最小搅拌量（DL/T 5330—2015）

骨料最大粒径 （mm）	拌和物数量 （L）
20	15
40	25
≥80	40

对试配的混凝土拌和物进行坍落度测定，同时观察其黏聚性和保水性。若不符合要求，应进行调整。调整的原则如下：若流动性太大，可在砂率不变的条件下，适当增加砂、石用量；若流动性太小，应在保持水胶比不变的条件下，增加适量的水和水泥；当其黏聚性和保水性不良时，实质上是混凝土拌和物中砂浆不足或砂浆过多，可适当增大砂率或适当降低砂率，调整到工作性满足要求。其调整量可参考表 3-18。

表 3-18　条件变动时材料用量调整参考值

条件变化情况	大致的调整值		条件变化情况	大致的调整值	
	加水量	砂率		加水量	砂率
坍落度增减 10 mm	±2% ~ ±4%	—	砂率增减 1%	±2 kg/m³	—
含气量增减 1%	±3%	±0.5%			

试拌调整完成后，应测出混凝土拌和物的实际表观密度 $\rho_{c,t}$，并计算各组成材料调整后的拌和用量：水泥 m_{cb}、矿物掺合料 m_{pb}、水 m_{wb}、砂 m_{sb}、石子 m_{gb}，则满足工作性要求的混凝土基准配合比为：

$$\left.\begin{aligned} m_{cj} &= \frac{m_{cb}}{m_{cb}+m_{pb}+m_{wb}+m_{sb}+m_{gb}} \times m_{c,t} \\ m_{pj} &= \frac{m_{pb}}{m_{cb}+m_{pb}+m_{wb}+m_{sb}+m_{gb}} \times m_{c,t} \\ m_{wj} &= \frac{m_{wb}}{m_{cb}+m_{pb}+m_{wb}+m_{sb}+m_{gb}} \times m_{c,t} \\ m_{sj} &= \frac{m_{sb}}{m_{cb}+m_{pb}+m_{wb}+m_{sb}+m_{gb}} \times m_{c,t} \\ m_{gj} &= \frac{m_{gb}}{m_{cb}+m_{pb}+m_{wb}+m_{sb}+m_{gb}} \times m_{c,t} \end{aligned}\right\} \tag{3-15}$$

式中　m_{cj}、m_{pj}、m_{wj}、m_{sj}、m_{gj}——基准配合比中每立方米混凝土的水泥用量、矿物掺合料用

量、用水量、细骨料用量和粗骨料用量,kg;

$m_{c,t}$——每立方米混凝土拌和物质量实测值,kg。

三、实验室配合比设计

影响混凝土强度、耐久性的主要因素是水胶比,因此应对上述满足工作性要求的基准配合比进行强度和耐久性检验。

(一)满足强度要求的实验室配合比

混凝土强度实验室配合比应基于初选确定的水胶比进行不少于3个掺合料和3~5个水胶比的组合,进行混凝土立方体抗压强度试验。

为加快检验进程,一般采用三个不同的配合比同时进行,其中一个是基准配合比,另两个配合比的水胶比则分别比基准配合比的水胶比增加及减少0.05,其用水量与基准配合比相同,砂率值可分别增加或减少1%。每种配合比制作一组试件,每一组都应检验相应配合比拌和物的工作性并测定表观密度,其结果代表这一配合比的混凝土拌和物的性能,将试件标准养护28 d时,进行强度测定,根据混凝土强度试验结果,建立不同掺合料掺量时混凝土强度和胶水比的直线关系图,用插值法或作图法确定等于配制强度时对应的胶水比。按照工作性、强度及经济合理的原则,选择合适的掺合料及对应的水胶比。

按以下原则确定1 m^3混凝土拌和物的各材料用量,即为满足强度要求的实验室配合比。

(1)用水量。按基准配合比确定的用水量并根据制作强度试件时测得的坍落度,进行适当调整。

(2)胶凝材料用量。应以用水量乘以确定的胶水比计算得出。根据矿物掺合料的掺量,计算出矿物掺合料用量(m_p)和水泥用量(m_c)。

(3)粗、细骨料用量。按基准配合比确定的用量并根据用水量和胶凝材料用量进行调整。

(4)外加剂用量。根据外加剂的掺量和水泥用量,计算出外加剂用量。

(5)混凝土表观密度的校正。

配合比调整后的混凝土拌和物的表观密度应按式(3-16)计算:

$$m_{c,c} = m_c + m_p + m_w + m_s + m_g \tag{3-16}$$

式中 $m_{c,c}$——每立方米混凝土拌和物的质量计算值,kg;

m_c——每立方米混凝土的水泥用量,kg;

m_p——每立方米混凝土的矿物掺合料用量,kg;

m_w——每立方米混凝土的用水量,kg;

m_s——每立方米混凝土的细骨料用量,kg;

m_g——每立方米混凝土的粗骨料用量,kg。

混凝土配合比校正系数按式(3-17)计算:

$$\delta = \frac{m_{c,t}}{m_{c,c}} \tag{3-17}$$

式中　δ——混凝土配合比校正系数；

$m_{c,t}$——每立方米混凝土拌和物的质量实测值,kg。

其余符号意义同前。

当混凝土拌和物表观密度实测值与计算值之差的绝对值不超过计算值的2%时,按上述第(1)～(4)条得到的配合比(m_w、m_c、m_p、m_s、m_g)即为确定的设计配合比;当二者之差超过2%时应将配合比中每项材料用量均乘以校正系数δ,即为确定的设计配合比。按下式计算:

$$\begin{cases} m_{c,sh} = m_c\delta \\ m_{w,sh} = m_w\delta \\ m_{s,sh} = m_s\delta \\ m_{g,sh} = m_g\delta \\ m_{p,sh} = m_p\delta \end{cases} \tag{3-18}$$

(6)生产单位可根据常用材料设计出的混凝土配合比备用,并应在启用过程中予以验证或调整。遇有下列情况之一时,应重新进行配合比设计:

①对混凝土性能有特殊要求;

②水泥、外加剂或矿物掺合料等原材料品种、质量有显著变化。

(二)满足耐久性要求的实验室配合比

当混凝土有抗渗、抗冻等耐久性要求时,应用上述满足强度要求的设计配合比进行相关性能试验。如不能满足要求,则应对配合比进行适当调整,直到满足设计要求。

四、施工配合比确定

实测骨料含水率和超逊径,根据实测骨料含水率和超逊径将实验室配合比换算为施工配合比。

假定实测出砂的表面含水率为$a\%$,石子的表面含水率为$b\%$,则施工配合比中1 m^3混凝土的各组成材料用量应该为:

$$\left.\begin{aligned} m'_c &= m_{c,sh} \\ m'_p &= m_{p,sh} \\ m'_s &= m_{s,sh}(1 + a\%) \\ m'_g &= m_{g,sh}(1 + b\%) \\ m'_w &= m_{w,sh} - m_{s,sh} \cdot a\% - m_{g,sh} \cdot b\% \end{aligned}\right\} \tag{3-19}$$

混凝土配合比试配与调整记录表见表2-14,检测报告表见表3-19 。

表 3-19　混凝土配合比设计检测报告

报告编号:　　　　　　　　　　　　　　　　　　　　　　　　　共　页　　第　页

委托单位				委托人			
见证单位				见证人			
工程名称							
工程部位							
设计指标				检测性质			
来样材料	水泥	粉煤灰	天然砂	石子	外加剂		
送样日期				试验日期			
样品状态				试验地点			
检测项目	混凝土配合比设计、坍落度、抗压强度、含气量、抗冻性能、抗渗性能						
检测依据	《水工混凝土试验规程》(SL 352—2006)						
环境条件	温度____℃;相对湿度____%						
主要检测设备							
材料情况	材料名称	水泥	粉煤灰	天然砂	石子	外加剂	水
	产地来源						
	品牌、规格						
	主要技术指标			细度模数	级配		
				含泥量(%)	含泥量(%)		
配合比结果	质量配合比						
	每立方材料用量(kg/m^3)						
	砂率(%)	实测坍落度(mm)		实测含气量(%)	抗压强度(MPa)	7 d	28 d
说明	检测结果以 28 d 为准	备注	1. 委托试验仅对来样负责。 2. 砂石骨料检测状态为饱和面干状态,施工配合比要根据现场含水率依此调整。 3. 外加剂建议采用后掺法。 4. 原材料称量要精确,满足施工规范要求				

批准人:____________　　　审核人:__________　　　报告人:__________

检测单位:(盖章)

任务四　编写实训报告

一、实训报告内容

实训报告内容包括:各种材料的检测过程、检测报告、检测原始记录,配合比设计过程及结果。

二、要求

(1)综合实训报告总体要求为电子版,其中各种材料检测报告必须为电子版;材料检测报告和试验原始记录表格要打印,但其中信息必须要手写。

(2)综合实训报告页面编排符合国家要求。

(3)检测报告信息全面,符合实际工程需要。

(4)检测原始记录书写认真,不得涂改。

三、实训报告参考格式

(一)封面

××× 专业

建筑材料综合实训报告

实训班级:________________

姓　　名:________________

学　　号:________________

指导老师:________________

实训时间:________________

(二)目录

目　录

(三)正文

正文是实训报告的核心,内容包括:①实训目的;②实训内容与过程,包括每项检测中所需要的仪器、步骤、注意事项、检测报告等;③实训收获、体会与建议。

(四)附录

附录包括原材料、混凝土配合比等的检测报告及原始记录表,表格格式见前述相应的表格。

参考文献

[1] 吝杰,尹红莲,等. 水利工程材料与检测[M]. 郑州:黄河水利出版社,2015.
[2] 崔长江. 建筑材料[M]. 3 版. 郑州:黄河水利出版社,2009.
[3] 中华人民共和国国家质量监督检验检疫总局,中国国家标准化管理委员会. 通用硅酸盐水泥(GB 175—2007/XG 2—2015)[S]. 北京:中国标准出版社,2015.
[4] 中华人民共和国国家质量监督检验检疫总局,中国国家标准化管理委员会. 用于水泥和混凝土中的粒化高炉矿渣粉(GB/T 18046—2008)[S]. 北京:中国标准出版社,2008.
[5] 中华人民共和国国家质量监督检验检疫总局,中国国家标准化管理委员会. 建设用砂(GB/T 14684—2011)[S]. 北京:中国标准出版社,2011.
[6] 中华人民共和国国家质量监督检验检疫总局,中国国家标准化管理委员会. 建筑用卵石、碎石(GB/T 14685—2011)[S]. 北京:中国标准出版社,2011.
[7] 中华人民共和国建设部. 混凝土用水标准(JGJ 63—2006)[S]. 北京:中国建筑工业出版社,2006.
[8] 国家能源局. 水工混凝土砂石骨料试验规程(DL/T 5151—2014)[S]. 北京:中国电力出版社,2014.
[9] 中华人民共和国住房和城乡建设部,中华人民共和国国家质量监督检验检疫总局. 混凝土结构工程施工质量验收规范(GB 50204—2015)[S]. 北京:中国建筑工业出版社,2015.
[10] 中华人民共和国水利部. 水工混凝土施工规范(SL 677—2014)[S]. 北京:中国水利水电出版社,2015.
[11] 中华人民共和国水利部. 水工混凝土结构设计规范(SL 191—2008)[S]. 北京:中国水利水电出版社,2009.
[12] 中华人民共和国国家能源局. 水工混凝土结构设计规范(DL/T 5057—2009)[S]. 北京:中国电力出版社,2009.
[13] 国家能源局. 水工混凝土配合比设计规程(DL/T 5330—2015)[S]. 北京:中国电力出版社,2015.
[14] 中华人民共和国住房和城乡建设部. 建筑砂浆基本性能试验方法标准(JGJ/T 70—2009)[S]. 北京:中国建筑工业出版社,2009.

JIANZHU CAILIAO JINENG XUNLIAN

组稿编辑　王路平
责任编辑　王　璇
封面设计　何　颖
　　　　　张心怡
责任校对　杨丽峰
责任监制　常红昕

ISBN 978-7-5509-1505-3

定价：20.00元